이차방정식의 꽃
판별식

김승태 지음

알콰리즈미가
들려주는
이차방정식
이야기

이차방정식의 꽃
판별식

|주|자음과모음

수학자라는 거인의 어깨 위에서
보다 멀리, 보다 넓게 바라보는
수학의 세계!

수학 교과서는 대개 '결과'로서의 수학을 연역적으로 제시하는 경향이 강하기 때문에 학생들은 수학이 끊임없이 진화해 왔다는 생각을 하기 어렵습니다. 그렇지만 수학의 역사는 하나의 문제가 등장하고 그에 대해 많은 수학자들이 고심하고 이를 해결하는 가운데 새로운 아이디어가 출현해 온 역동적인 과정입니다.

'**이차방정식의 꽃, 판별식**'은 수학 주제들의 발생 과정을 수학자들의 목소리를 통해 친근하게 이야기 형식으로 들려주기 때문에 학생들이 수학을 '과거 완료형'이 아닌 '현재 진행형'으로 인식하는 데 도움이 될 것입니다.

학생들이 수학을 어려워하는 이유 중 하나는 '추상성'이 강한 수학적 사고와 '구체성'을 선호하는 학생의 사고 사이에 존재하는 간극이며, 이런 간극을 줄이기 위해서 수학의 추상성을 희석시키고 개념과 원리의 설명에 구체성을 부여하는 것이 필요합니다. 이 책은 수학 교과서의 내용을 생동감 있게 재구성함으로써 추상적인 수학을 구체성을 갖는 수학으로 변모시키고 있습니다. 또한 중간중간에 곁들여진 수학자들의 에피소드는 자칫 무료해지기 쉬운 수학 공부에 윤활유 역할을 해 줄 것입니다.

이 책의 구성을 보면 우선 수학자의 업적을 개략적으로 소개하고, 6~9개의 강의를 통해 수학 내적 세계와 외적 세계, 교실 안과 밖을 넘나들며 수학의 개념과 원리들을 소개한 후 마지막으로 강의에서 다룬 내용들을 정리합니다.

이런 책의 흐름을 따라 읽다 보면 각 시리즈가 다루고 있는 주제에 대한 전체적이고 통합적인 이해가 가능하도록 구성되어 있습니다. '이차방정식의 꽃, 판별식'은 학교 수학 교과 과정과 긴밀하게 맞물려 있으며, 수학자들이 들려주는 수학 이야기를 통해 학교 수학의 많은 내용들을 다룹니다. 예를 들어 라이프니츠가 들려주는 기수법 이야기에서는 수가 만들어진 배경, 원시적인 기수법에서 위치적 기수법으로의 발전 과정, 0의 출현, 라이프니츠의 이진법에 이르기까지를 다루고 있는데, 이는 중학교 수학의 기수법 내용을 충실히 반영합니다. 따라서 '이차방정식의 꽃, 판별식'을 학교 수학 공부와 병행하면서 읽는다면 교과서 내용의 소화 흡수를 도울 수 있는 효소 역할을 할 수 있을 것입니다.

홍익대학교 수학교육과 교수 |《수학 콘서트》저자 박경미

세상 진리를 수학으로 꿰뚫어 보는 맛
그 맛을 경험시켜 주는
'이차방정식' 이야기

알콰리즈미라는 옛 수학자를 통해 이차방정식을 배운다는 것은 마치 역사적 인물의 전기를 읽는 것만큼 생동감이 넘치는 일입니다. 이순신 장군을 만나 거북선을 같이 타는 듯한 즐거움을 주는 일이지요.

알콰리즈미는 근의 공식을 이용하여 이차방정식을 푼 옛날의 수학자입니다. 타임머신을 타지 않고는 도저히 만날 수 없는 옛 수학자이지요. 그가 우리 앞에 나타나 우리를 직접 가르치듯이 이차방정식을 풀어 준다는 것은 판타지 소설에서나 가능한 일일 거예요.

이 책을 집필하면서 저는 언제나 '내가 알콰리즈미라면 우리 학생들에게 이렇게 설명하리라.' 하는 마음으로 이차방정식에 대해 써 나갔습니다.

알콰리즈미 역시 미래의 후손인 우리가 자신이 만든 근의 공식을 배운다는 것을 알게 된다면 정말 뿌듯해할 겁니다.

아무쪼록 여러분들이 이 책을 통해 이차방정식과 좀 더 친해지는 계기가 되었으면 합니다.

김승태

차례

1 이 책은 달라요

《이차방정식의 꽃, 판별식》은 아라비아의 수학자 알콰리즈미가 이차 방정식에 대해 알려 주는 이야기입니다. 중학생이 되면 이차방정식에 대해 배우게 되는데, 그 풀이 방법을 만든 알콰리즈미가 마치 우리들의 가정 교사가 된 듯이 설명해 주며 이야기를 해 나갑니다.

거의 대부분의 학생들이 '알콰리즈미'를 처음 대하는 이름이라고 생각할 것입니다. 하지만 이 알콰리즈미는 제법 많은 학생들이 알고 있는 수학자랍니다. 물론 '알고리즘'이라는 다른 이름으로 알고 있기는 하지만요.

우리가 다루는 이차방정식은 중등 과정에서 처음 배우기 시작하여 고등학교에 절정을 이루는 단원입니다. 그리고 학교 수학에서는 빠질 수 없는 중요 단원이기도 하지요. 언젠가는 부딪히게 될 부분이니 어렵다고 미리 겁먹지 말고 미래를 만나는 계기라 생각하고 즐거운 마음으로 읽어 나가세요. 모르는 부분은 그냥 눈으로 훑고 지나가도 됩니다. 모든 과목이 다 그렇듯이 한 번에 다 이해하려는 것은 지나친 욕심입니다. 흐르는 대로 흘러 '아, 이런 것도 있구나.' 하는 마음으로 읽어 나가면 됩니다. 부담 없이 읽어 나가세요.

2 이런 점이 좋아요

❶ 어려운 고등 수학을 마치 과외 선생님이 가르쳐 주듯이 아이들에게 설명해 줍니다.

❷ 중·고등학교에서 중요하게 배우게 될 이차방정식을 미리 익혀 수학에 대한 친숙함을 기를 수 있습니다.

❸ 이차방정식은 고등 수학의 곱셈구구에 해당할 정도로 기본적인 단원입니다. 완벽하게 통달하기는 힘들겠지만 이 책을 통해 이차방정식에 대한 친숙함을 기를 수 있습니다.

3 교과 연계표

학년	단원(영역)	관련된 수업 주제 (관련된 교과 내용 또는 소단원 명)
초등 전 학년	수와 연산	사칙연산
중등 전 학년	변화와 관계	문자의 사용과 식, 식의 계산, 다항식의 곱셈과 인수분해, 이차방정식, 이차함수와 그래프
	문자와 식	제곱근과 실수
	도형과 측정	피타고라스 정리
고등 1학년	다항식	다항식의 연산, 인수분해
	방정식과 부등식	복소수, 이차방정식, 이차방정식과 이차함수, 여러 가지 방정식, 여러 가지 부등식

4 수업 소개

1교시 이차방정식이란?

이차방정식이란 무엇인가에 대해 배웁니다. 이차방정식의 모양과 특징에 대해 살펴보는 학습이 이루어집니다.

- 선행 학습 : 일차방정식과 등식의 성질
- 학습 방법 : 알콰리즈미를 만나서 서로 인사를 하며 이차방정식의 모양에 대해 이야기하는 형식을 따라가며 읽으면 됩니다.

2교시 이차방정식의 해와 활용

이차방정식의 해를 찾는다는 것은 이차방정식 x의 값을 찾는 것을 말합니다. 어떻게 이차방정식의 해를 찾는지 설명합니다. 그리고 이차방정식이 어떻게 활용되는지 알아봅니다.

- 선행 학습 : 일차방정식의 해
- 학습 방법 : 일차방정식의 해는 등식의 성질과 이항을 통해 풀 수 있고, 이차방정식의 해는 인수분해와 근의 공식을 통해 풀 수 있습니다. 이 단원을 통해 인수분해 풀이를 확실히 익혀 둡시다. 근의 공식에 대해서도 반드시 알아 둡시다.

3교시 이차방정식에 필요한 인수분해와 판별식

이차방정식에 필요한 인수분해에 대해 설명합니다. 이차방정식의 계수를 이용한 판별식을 알아봅니다.

- 선행 학습 : 인수분해 공식
- 학습 방법 : 인수분해가 어떻게 이차방정식에 활용되는지 알아봅니다. 이차방정식의 계수를 통해 판별식을 만들어 근이 몇 개 생기는지 알아봅니다.

4교시 완전제곱식을 이용한 이차방정식의 풀이

이차방정식의 풀이에는 인수분해를 통한 방법 말고도 완전제곱식을 이용하는 방법이 있습니다. 이 단원에서는 그것을 배워 봅니다.

- 선행 학습 : 완전제곱수와 완전제곱식을 비교해 봅니다. 수로서의 의

미와 식으로서의 의미를 살펴봅니다.

- **학습 방법** : 완전제곱식을 이용한 방법은 근의 공식을 만드는 기초가 되므로 확실하게 익혀 둡니다. 완전제곱식에서 생길 수 있는 제곱근에 대한 이해를 철저히 해야 합니다.

5교시 근의 공식

알콰리즈미가 만든 근의 공식에 대해 배워 봅니다.

- **선행 학습** : 완전제곱식에 대해서 확실히 알고 시작합니다.
- **학습 방법** : 근의 공식의 유도 방법에 대해서 공부하게 됩니다. 황금비를 통한 이차방정식의 활용에 대해 배우게 됩니다. 근의 공식에는 짝수 근의 공식이 있으며 그 공식이 얼마나 간편한지를 느낍니다.

6교시 판별식

판별식을 이용한 중근에 대해 알아봅니다. 이차방정식의 활용과 그 과정에서 나오는 피타고라스의 정리도 같이 설명합니다.

- **선행 학습** : 이차방정식의 계수란 무엇인지 알고 판별식에 적용합니다.
- **학습 방법** : 근의 공식을 이용하여 만들어지는 판별식을 잘 알아 둡니다. 이차방정식에서 계수만으로 근의 개수가 몇 개인지 알아내는 판별식에 대해 공부합니다.

7교시 중국산 이차방정식

동서양에서 이차방정식의 유래와 풀이의 차이점을 비교합니다. 비례식을 이용해 이차방정식을 만드는 법을 배웁니다.

- 선행 학습 : 이차방정식의 풀이
- 학습 방법 : 동서양의 이차방정식에 대해 알아봅니다.

8교시 루트와 이차방정식

루트가 나오게 된 배경지식을 알아봅니다. 문장제 문제에서 이차방정식을 만드는 법을 배웁니다.

- 선행 학습 : 정사각형의 넓이를 구하는 공식
- 학습 방법 : 제곱근을 계산하는 방법을 배웁니다. 문장제 문제 속의 이차방정식에서 제곱근이 생기는 문제를 다룹니다.

9교시 이차방정식에서 근과 계수와의 관계

이차방정식 두 근의 합과 곱을 이용하여 근과 계수와의 관계를 알아봅니다.

- 선행 학습 : 곱셈 공식의 변형

10교시 허근의 등장

허근이 등장하는 배경과, 허근을 계산하는 법에 대해 알아봅니다.

- 선행 학습 : 제곱근의 풀이 방법과 수의 확장에 대해 이해합니다.
- 학습 방법 : 허근이 왜 생기게 되었는지 알아봅니다.

11교시 연립이차방정식 ①

이차방정식을 2개 연립하여 2개의 근을 구해 내는 연립이차방정식에 대해 알아봅니다.

- 선행 학습 : 일차방정식의 내용을 확실히 이해하고 연립이차방정식에 적용해 봅니다.
- 학습 방법 : 연립일차방정식을 이해하고 나서 연립이차방정식에 응용하도록 공부합니다.

12교시 연립이차방정식 ②

연립이차방정식에 대해 본격적으로 공부합니다.

- 선행 학습 : 일차식, 이차식에 대한 기본 성질을 미리 알아 둡니다. 소거에 대해서도 다시 생각해 봅니다.
- 학습 방법 : 어렵지만 차근차근 풀어 나가며 방법을 익혀 둡니다.

알콰리즈미를 소개합니다

Alkhwarizmi (780~850)

    나는 여러분이 공부하고 배우는 이차방정식의 해법을 찾아낸 알콰리즈미라는 수학자입니다. 나는 중세 수학에 커다란 영향을 준 산술책과 대수책을 썼어요. 물론 힘은 좀 들었지만 그 당시 그것은 수학의 정석이나 마찬가지였어요. 내 자랑 같지만 지금 여러분이 배우는 판별식 있잖아요. 그 판별식을 이용해서 이차방정식의 해를 구하는 것을 바로 내가 만들었어요.

    이차방정식의 해법을 기하학적 증명을 통해 계산해내서 주변을 놀라게 했지요.

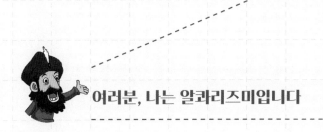

여러분, 나는 알콰리즈미입니다

다음 보기를 잘 읽고 연관이 없는 것을 찾아 주세요.

① 알콰리즈미   ② 아라비아 수학자   ③ 알고리즘

④ 이차방정식   ⑤ 피타고라스

하하, 정답은 ⑤번입니다. 이제 내가 누구인지 감이 잡히는 친구들도 있을 것이고, 아예 답을 못 찾는 친구들도 있을 거예요. 나는 여러분이 학교에서 배우는 이차방정식의 해법을 찾아낸 알콰리즈미Alkhwarizmi, 780~850라는 수학자입니다.

'대한민국' 하면 '동방예의지국'이 떠오르는 것처럼 아라비안나이트를 생각나게 하는 아라비아에서 태어났지요. 우리나

라에는 한국에선 보기 힘든 낙타가 많아요. 등에 혹이 난 짐승, 하지만 아주 끈기 있는 짐승이지요. 수학 공부도 끈기를 가지고 해야 합니다. 외국인이라고 생소하게 생각하지 말고 나를 믿고 따라오세요.

내가 살던 시대의 왕은 알마문이었습니다. 지금의 대통령에 해당하지요. 나는 이슬람교를 믿습니다. 알라를 모시고 있지요. 한국말에서는 '알아라' 라는 뜻으로 '알라' 라는 말이 쓰여요. 또한 이슬람교는 크리스트교, 불교와 함께 세계 3대 종교 중 하나지요.

난 수학자이면서 천문학자, 지리학자이기도 해요. 하나를 열심히 하다 보면 다른 일도 잘하게 돼요. 여러분들도 수학을 열심히 하다 보면 그 습관에 의해 다른 과목, 심지어는 다른 일까지도 열심히 하는 학생이 될 수 있을 거예요.

나는 천문 관측을 하여 지구의 자오선 $1°$의 길이를 측정하기도 했어요. 사는 데 별 필요 없다고 생각하는 친구들도 있겠지만 난 그때 정말 학문의 참맛을 느꼈어요. 수학을 싫어하는 친구들도 스스로 문제를 풀어 냈을 때의 쾌감은 알잖아요. 그것마저 아니라고 하지는 않겠지요?

나는 중세 수학에 커다란 영향을 준 산술책과 대수책을 썼어요. 물론 힘은 좀 들었지만 그 당시 그것은 수학의 정석이나 마찬가지였어요. 아니 그 이상이었지요. 그래서 그 책은 유럽에까지 수출되었어요. 한마디로 로열티를 받은 셈이지요. 하지만 이 산술책의 원본은 없어졌어요. 라틴어 번역 사본만 남아 있지요. 어쩌다 없어졌는지 나도 기억이 안 나요. 그러니 여러분도 잘 정리하고 보관하는 습관을 길러야 해요.

하지만 대수책은 오늘날에도 완전한 형태로 있어요. 휴, 이거라도 보관하고 있는 게 얼마나 다행인지. 내 자랑 같지만 지금 학교에서 친구들이 배우는 판별식 있잖아요.판별식:이차방정식에서 근이 몇 개인지 공식에 넣어 알아내는 식. 모양:b^2-4ac ← 무섭게 생겼지요? 하지만 알고 나면 착하고 쉬워요 그 판별식을 이용해서 이차방정식의 해를 구하는 것을 바로 내가 만들었어요. 이차방정식의 해법을 기하학적 증명도형을 이용한 증명을 통해 계산해 내서 주변을 놀라게 했지요. 많은 수학자들이 입을 다물지 못했어요. 그래서 입에 파리가 들어갔지요. 으, 더러워.

그때 '쾅' 하고 문을 열고 두 명의 학생이 들어왔습니다.

첫 번째 수업부터 지각이네요. 시간을 잘 지켜야죠.

"죄송합니다, 알콰리즈미 선생님. 전철이 늦게 오는 바람에⋯⋯."

지금은 전 세계가 지하철로 연결되어 있지요. 나는 한국에서 온 여러분과 함께 이차방정식 수업을 할 것입니다. 물론 동영상 강의를 해도 되지만 그래도 과거의 21세기처럼 마주 보고 침 튀기며 하는 게 수업의 참맛 아니겠어요?

모두 수업을 들을 준비가 되었나요? 그럼, 출발!

나는 이차방정식의
해법을 찾아낸
알콰리즈미라고
합니다.

내 이름을 전부 말하면
무하마드 이븐 무사
알콰리즈미입니다.

이름이
엄청 길죠?

내 이름만 봐도 알겠죠?
나는 이슬람 신자이며
아라비아 사람입니다.

나는 수학자이면서
동시에 천문학자,
지리학자이기도 합니다.

지구의 자오선 1도의
길이를 측정하기도
했죠.

나는 산술책과 대수책을 썼는데
이 책은 유럽에까지 수출이 되어
유럽의 중세 수학에 커다란
영향을 주었습니다.

아라비아의
알콰리즈미가 쓴
수학책인데
대단해!

판별식 $b^3 - 4ac$는
내가 만들어 낸 겁니다.

복잡해 보이지만
이 판별식을 이용하면
이차방정식의
해를 쉽게 구할 수
있답니다.

내가 여러분들에게 재밌고 쉬운
이차방정식을 가르쳐 주도록 하지요.
나만 꽉 믿으세요.

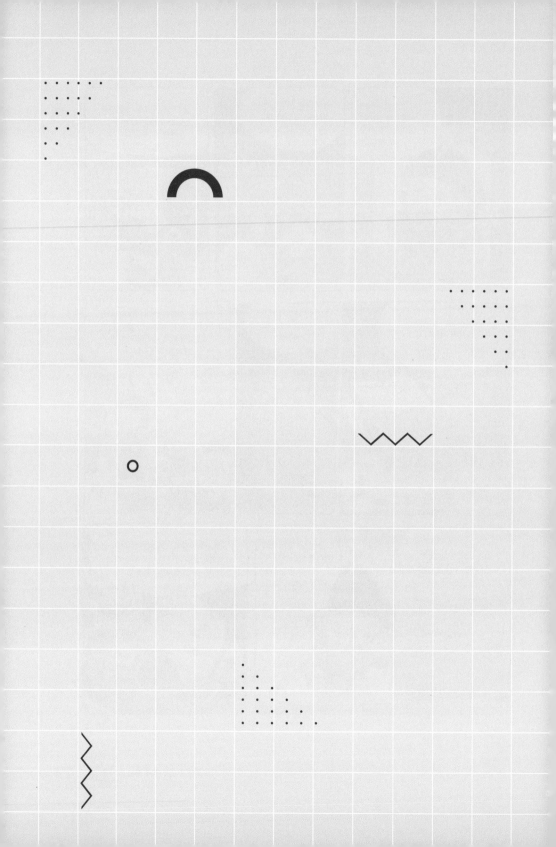

이차방정식이란?

이차방정식이란 무엇인가에 대해 배웁니다.
이차방정식의 모양과 특징에 대해
살펴보는 학습이 이루어집니다.

1. 이차방정식은 어떤 모습인지 알아봅니다.
2. 방정식과 이차방정식에 대해 알아봅니다.

미리 알면 좋아요

1. **일차방정식** 미지수의 차수가 1인 방정식을 일차방정식이라고 합니다.

2. **이항** 항을 옮기는 것을 말하는데 반드시 등호를 넘어가야 이항이라고 합니다. 단지 자리를 이동하는 것은 교환이라고 합니다.

3. **계수** 문자 앞에 붙어 있는 부호와 수를 말합니다.

4. **동류항** 문자와 차수가 같은 항을 동류항이라고 부르고, 그들끼리는 더하거나 뺄 수 있습니다.

알콰리즈미의
첫 번째 수업

도대체 오늘 우리가 배울 이차방정식이란 뭘까요? 중학교 3학년이 되면 조금 알 수 있지만 아직 배우지 않은 학생들에게는 아주 생소할 것입니다. 그래서 이 문제를 풀라고 하면 아주 어려워하지요. 우선 '이차방정식'이라는 말을 좀 분해해 볼까요? 여학생 이름이 뭐지요?

"해순이에요."

해순이는 방정식에 대해 알고 있나요? 아는 대로 말해 보세요.

"x의 값에 따라 참이 되기도 하고 거짓이 되기도 하는 ＝등호가 있는 식을 말해요."

그래요, 잘했어요. 때에 따라 참이 되기도 하고 거짓이 되기도 하는 아주 방정맞은 녀석을 우리는 방정식이라고 하지요. 남학생은 이름이 뭐죠?

"정식입니다."

정식이도 방정식에 대해 조금은 알고 있겠지요? 그럼 이차방정식도 알고 있나요?

"아니요, 이차방정식은 잘 모르겠어요."

방정식에서 x^2의 항이 들어가서 놀고 있을 때, 그런 방정식을 이차방정식이라고 합니다. 녀석들이 어떻게 생겼는지 구경해 볼까요?

$$x^2 = 3, \, x^2 + 2x + 3 = 0$$

이놈은 이차방정식치곤 깨끗하게 잘생겼네요. 이렇게 잘 정리된 것을 이차방정식의 일반형이라고 한답니다. 잘생긴 사람을 미남이라고 부르는 것처럼 말이지요.

$$3x^2 - 4 = 0$$

이 녀석은 뭔가 좀 부족해 보이지만 x^2항이 두 눈 시퍼렇게

뜨고 살아 있지요? 따라서 이차방정식이 맞습니다. 그래요, 짐작하듯이 x^2항과 $=$ 만 있으면 이차방정식 맞아요.

$$x^2 - \frac{5}{2}x = 0$$

분수가 나오면 왠지 무섭지요? 괜찮아요, 나도 처음엔 그랬어요. 누구나 다 그래요. 하지만 여러분 곁엔 든든한 힘이 되는 알콰리즈미 선생님이 있잖아요. 분수를 무시하고, $\frac{5}{2}$ 옆에 x^2항이 떡하니 버티고 있으니까 이차방정식이라고 생각하세요. 이차방정식 맞습니다.

대충 살펴보니 이차방정식의 모양이 어느 정도 윤곽이 잡히지요? 사람을 만나면 얼굴부터 보는 것처럼 이차방정식 역시 그 모양을 알아내는 것이 무엇보다도 중요합니다. 그래서 그런지 학교 시험에서 이차방정식을 찾으라는 문제가 꼭 한 문제씩 등장해요.

그럼, 이제 좀 친해진 이차방정식에 대해 정리해 볼까요. 준비됐나요?

이차방정식

모든 항을 좌변으로 이항하여 정리하였을 때 다음과 같은 꼴로 나타내어지는 방정식을 이차방정식이라고 한다.

(x에 관한 이차식) $=0$

$a \neq 0$일 때, $ax^2 + bx + c$를 이차식, $ax^2 + bx + c = 0$을 이차방정식이라고 하지요. 미묘한 차이가 느껴지나요? 다시 한 번 더 봐 주세요.

'$=0$'이 없으면 방정식이 아니고 '$=0$'이 있어야 방정식이라는 말을 쓸 수 있어요. 즉, 등호가 있는 등식이 방정식이 되는 겁니다.

등식에 대해 좀 더 알아볼까요?

등식

• 방정식 : x값에 따라 참이 되기도 하고 거짓이 되기도 하는 등식
• 항등식 : 모든 x의 값에 대해서 항상 성립하는 등식

말로만 설명하니까 어려운가요? 예를 들어 줄게요.

$$x+4=8$$

이 식을 방정식이라고 하는 이유는 x가 4이면 답이 되지만 x가 3이면 $3+4=8$로 말이 안 되는 거짓이 되기 때문입니다. 거짓말하면 나쁜 사람인 거 알지요?

x의 값에 따라 이랬다저랬다 하는 방정맞은 놈을 우리는 방정식이라고 부르는 거예요.

다음으로 항등식을 살펴볼까요?

$$x+3=3+x$$

이 식의 x에 어떤 값을 넣어 보세요. 언제나 좌변과 우변이 같아져요. 정말 믿음직하지요. 믿음성을 확인하고 싶으면 이번엔 5를 한번 넣어 볼까요?

$5+3=3+5$로 같아지지요? 그래서 이런 등식을 항등식이라고 부릅니다.

이차방정식은 문제를 통해서 익히는 것이 가장 머리에 많이 남는답니다. 문제를 통해서 설명해 줄게요.

다음 등식 중에서 이차방정식은 어느 것일까요?

① $2x^2+x-8=0$ ② $x^2+4x-2=3+x^2$

하하, 다 이차방정식인 것 같지요? 처음 배우는 학생들은 x^2만 있으면 이차방정식이라고 생각하지요. 물론 조금 전에 그렇게 배웠고요. 하지만 시험 문제를 보면 언제나 함정이 있잖아요. 이 문제가 그렇습니다. 정식이도 정신 차리고 잘 보세요.

①은 좌변이 x에 관한 이차식이지요. 즉 x^2항이 두 눈 시퍼렇게 뜨고 있잖아요. 그래서 이차방정식이 맞아요.

그런데 ②번도 x^2항이 살아 있잖아요. 하지만 이차방정식이 맞는지 확인하려면 모든 항을 좌변으로 이항해 봐야 합니다. 이항이란 식을 정리할 때 ＝를 넘어가는 동작을 말합니다. 이항하면 부호가 바뀐다는 사실을 꼭 기억해 주세요. ＋는 －로, －는 ＋로 말이에요.

여기서는 우변의 항들을 이항시킬 거예요.

$$x^2 + 4x - 2 = 3 + x^2$$

여기서 우변 $3 + x^2$을 좌변으로 이항하면 다음과 같습니다.

$$x^2 + 4x - 2 - 3 - x^2 = 0$$

이것을 정리하여 계산하면 놀랍게도 이차항이 없어지면서 다음과 같이 되지요.

$$4x - 5 = 0$$

그럼 이 방정식은 일차방정식이 맞는 거예요. 깜빡 속을 뻔했지요.

이차방정식을 찾을 때, 두 눈 똑바로 뜨고 우선 등식인지, 즉 등호가 있는지를 확인하고, 등식이 맞으면 이항하여 '이차식 $= 0$'의 꼴인지를 확인하면 됩니다.

설명을 유심히 듣던 정식이가 질문을 했습니다.

"알콰리즈미 선생님, $2x^2+x-8$과 $2x^2+x-8=0$의 차이
점이 뭔가요?"

음, 좋은 질문입니다. 그게 바로 등식인지 아닌지를 확인하는
기준이지요. 즉 등호가 있으면 등식, 방정식이 되고 등호가 없
으면 그냥 식이라고 불러요. 그래서 앞의 것은 이차식이고 뒤

의 것은 이차방정식이 되는 것입니다.

　이번에는 해순이가 질문을 했습니다.

　"이항해서 동류항끼리 계산한다고 하셨는데 동류항이 뭐지요?"

　해순이가 좋은 질문을 했네요. 하지만 해순이는 수학반이잖아요. 반 대표인데 그 정도는 알고 있어야 하지 않을까요? 하지만 모르는 것을 물어보는 데 부끄러워하지 않는 그 정신이 좋아요. 재미있는 문제를 통해 알아봅시다.

문제 풀기

다음 〈보기〉를 보고 어릴 적에 헤어진 남동생을 찾아보세요.

〈보기〉
남동생을 찾는 누나의 모습 $= \dfrac{1}{2}x^2$

① x　　② $-a$　　③ $-2x^2$　　④ $-\dfrac{1}{2}x$　　⑤ y^2

남동생들을 살펴보던 누나는 2분 이상 3분 미만을 고민하다가 ③번이 어릴 적에 헤어진 동생이라는 것을 알아냈어요. 둘은 부둥켜안고 엉엉 울었지요.

누나가 동생을 어떻게 알았을까요. 찾아낸 방법을 알아볼까요?

누나는 동류항을 근거로 동생을 찾아낸 것입니다. 동류항이란 곱하여진 문자와 차수가 같은 항으로 곱해져 있는 계수와는 상관이 없습니다. 즉 사람의 본성을 알아낼 때 입고 있는 옷은 상관없듯이 위 문제에서 x^2항을 찾으면 됩니다. x^2항의 계수, 즉 $\frac{1}{2}$과 -2는 달라도 상관이 없어요. 그래서 x항과 x^2항은 동류항이 아니랍니다.

코믹한 알콰리즈미식 강의법이 정식이와 해순이의 마음에 드는가 보군요. 굉장히 재미있어 하네요. 그래요, 수학은 재미있어야 합니다.

❶ 이차방정식

문자의 차수가 2인 방정식을 말합니다.

기본 모양은 $ax^2 + bx + c = 0 (a, b, c$는 상수, $a \neq 0)$입니다.

❷ 등식

① 방정식

x값에 따라 참이 되기도 하고 거짓이 되기도 하는 등식입니다.

② 항등식

모든 x의 값에 대해서 항상 성립하는 등식입니다.

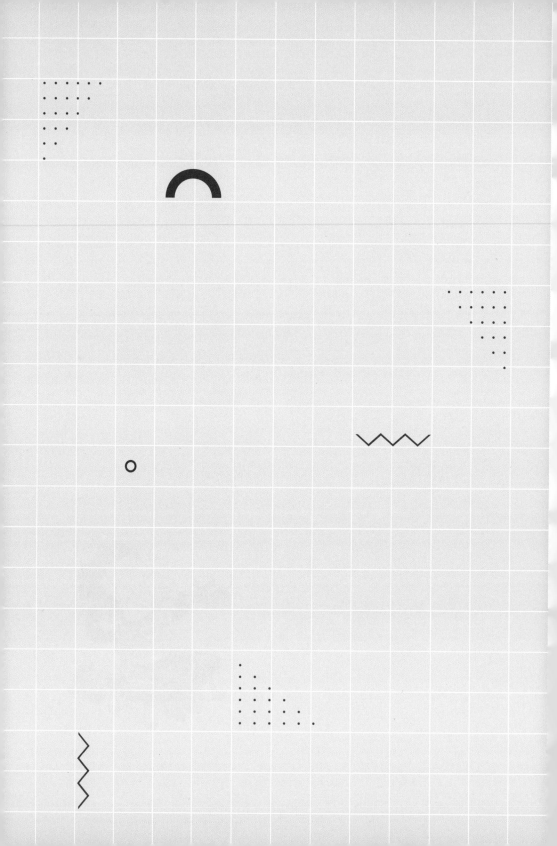

이차방정식의
해와 활용

이차방정식의 해를 찾는 방법을 설명합니다.
또한 이차방정식이 어떻게 활용되는지 알아봅니다.

1. 이차방정식의 해에 대해 알아봅니다.
2. 이차방정식의 활용에 대해 알아봅니다.

미리 알면 좋아요

해와 근, 미지수 x의 값 모두 같은 의미입니다. 즉 해가 이차방정식에 대입되었을 때 좌변의 값이 0으로 나타나면 그 해는 이차방정식의 해가 되는 것입니다.

알콰리즈미의
두 번째 수업

이번 시간에는 이차방정식의 해근에 대해 알아봅시다.

이차방정식은 배워서 좀 알겠는데 해와 근이란 말이 뭔지 잘 모르겠지요?

"해는 아침에 떠오르는 태양 아닌가요?"

정식이가 장난을 치다가 꿀밤을 맞아 이마에 동그란 해가 떴습니다. 그런데 그 해의 햇살도 따스했습니다.

해와 근은 같은 말입니다. 방정식이 참인 등식이 되도록 하는 x의 값을 방정식의 해라고 합니다. 그래서 해를 구하라고 하면 방정식이 참인 등식이 되도록 하는 x의 값을 찾으면 됩니다.

"어디서 미지수 x를 잃어버리고 와서 누구보고 찾아라 마라 하는 거예요?"

장난치던 정식이의 이마에 다시 해가 떴습니다. 이번에도 그 해에서 햇살이 비칩니다.

이차방정식을 푼다는 것은 이차방정식의 해를 모두 구하는 것을 말합니다.

이마에 해가 두 개 난 정식이가 코를 풀었습니다.

하필 내가 이차방정식을 푸는 것을 설명하는데 코를 풀다니, 나도 농담 한마디 할까요? 정식이가 푼 그 콧물은 해로운 것이므로 해를 푼 것이 맞네요.

눈치가 빠른 해순이는 깔깔대며 웃었고, 콧물로 해를 푼 정식이는 무슨 소리인지 몰라 멍하니 해순이와 알콰리즈미를 번갈아 쳐다보았습니다.

내가 재미있게 설명했지만 아직 이해하지 못한 친구들을 위해서 조금 쉽게 이차방정식의 해를 구하는 과정을 설명할게요. 칠판에 써 가면서 알아봅시다.

쏙쏙
문제 풀기

x가 집합 $\{1, 2, 3, 4, 5\}$의 원소일 때, 다음 표를 이용하여 이차방정식 $x^2 - 6x + 8 = 0$이 참이 되게 하는 x의 값을 모두 찾아봅시다.

x	좌변	우변	$x^2 - 6x + 8 = 0$
1	$1^2 - 6 \times 1 + 8 = 3$	0	거짓
2	$2^2 - 6 \times 2 + 8 = 0$	0	참
3	$3^2 - 6 \times 3 + 8 = -1$	0	거짓
4	$4^2 - 6 \times 4 + 8 = 0$	0	참
5	$5^2 - 6 \times 5 + 8 = 3$	0	거짓

앞의 표에서 알 수 있듯이 주어진 이차방정식 x^2-6x+8 $=0$이 참이 되게 하는 x의 값은 $x=2$ 또는 $x=4$입니다. 이차방정식의 해를 구할 때, x값의 범위가 주어지지 않으면 실수 전체의 집합을 x값의 범위로 생각해야 합니다. 그중에서 해, 즉 x의 값이 딱 2개 나오는 경우가 이차방정식의 해가 되는 것이고요.

그래서 이차방정식을 푼다는 것은 주어진 방정식이 참이 되게 하는 미지수의 값을 모두 구하는 것을 말합니다. 예를 들어 이차방정식 $x^2-6x+8=0$을 푼다는 것은 $x=2$ 또는 $x=4$를 모두 구하는 것입니다. 어떤 이는 x^2이라서 x의 값이 2개라고 하는데 어느 정도는 맞는 말입니다.

이때, 정식이가 갑자기 질문을 했습니다.

"알콰리즈미 선생님, 이차방정식은 일상생활에는 쓸 수 없잖아요. 수학은 쓸데없는 것 같아요."

수학을 싫어하는 학생들이면 누구나 품는 생각이므로 정식이의 마음을 이해할 수 있습니다. 그래서 그런지 기분 나쁘지 않아요. 하지만 양궁 선수가 쏜 화살, 투포환 선수가 던진 포환,

밤하늘에 쏘아 올려진 폭죽 등의 높이 모두 시간에 대한 이차
식으로 나타낼 수 있어요.

해순이와 정식이는 보이지 않는 것은 믿지 못하겠다는 표정
이었습니다.

하긴 쉽게 이해할 수 있는 경우는 아닙니다. 그렇다면 문제를 풀 수밖에 없겠네요.

아이들은 더 실망하는 표정이었습니다.

하지만 어쩔 수 없네요. 수학을 좀 더 쉽게 이해하기 위해서 꼭 필요한 과정이니까요.

속속 문제 풀기

바닷가 모래사장에서 '피이~육' 하며 매초 30m의 속력으로 쏘아 올린 폭죽의 x초 후 높이는 $(30x - 5x^2)$m라고 합니다. 폭죽의 높이가 40m인 순간은 쏘아 올린 지 몇 초가 지난 후인 가요?

정식이와 해순이는 폭죽이라는 말에는 '이야~.' 하다가 높이를 구하라는 말에 얼어 버렸습니다.

수학은 언제나 쉽지 않아요. 잘 들어 봐요. 선생님이 풀어 줄게요. 처음부터 겁먹지 말고 차근차근 알아봅시다.

x초 후의 높이가 40m라고 하면 다음과 같은 식을 세울 수가 있어요.

$$30x - 5x^2 = 40$$

이 식을 이항하여 정리하면 다음과 같이 됩니다.

$$5x^2 - 30x + 40 = 0$$

여기서 5로 항들을 나누세요. 공평하게 하나하나 골고루. 수학은 수가 작아질수록 유리해지지요. 명심하세요. 그래서 약분이라는 것을 배우는 겁니다.

$$x^2 - 6x + 8 = 0$$

여기서 설명이 길어지겠네요.

$$x^2 - 6x + 8 = 0 \Rightarrow (x-2)(x-4) = 0$$

이렇게 되는 것은 중학교 3학년 학생이 아니라면 이해하기 힘듭니다. 어린 학생들을 위해 진도는 잠시 미루고 간단하게 설명해 줄게요.

인수분해라는 방법을 알아야 해요. 언니, 오빠들에게 '인수분해'라는 말은 많이 들었지요? 이번 기회에 확실히 익혀 둡시다.

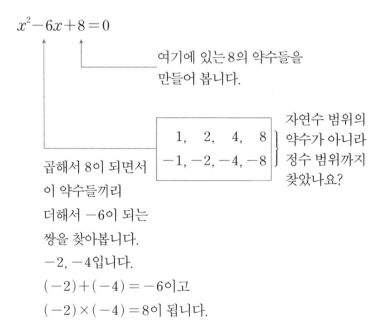

$$x^2 - 6x + 8 = 0$$

여기에 있는 8의 약수들을 만들어 봅니다.

| 1, | 2, | 4, | 8 |
| -1, | -2, | -4, | -8 |

자연수 범위의 약수가 아니라 정수 범위까지 찾았나요?

곱해서 8이 되면서 이 약수들끼리 더해서 -6이 되는 쌍을 찾아봅니다.
-2, -4입니다.
$(-2) + (-4) = -6$이고
$(-2) \times (-4) = 8$이 됩니다.

$$x^2 - 6x + 8 = 0$$

$$(\quad x \qquad -2\quad)$$

$$(\quad x \qquad -4\quad) \leftarrow$$ 요렇게 적는 것 외워 두세요.

그래서 $x^2 - 6x + 8$을 $(x-2)(x-4)$로 만들어 주는 거예요. 알 듯 말 듯하지요? 이런 게 인수분해란 거구나 대충 알아도 돼요. 한 번에 다 이해하겠다는 것은 욕심이지요. 뭐든 한 번에 이루어지는 것은 없어요. 여러분이 직접 해 봐야 한답니다.

그래서 $x^2 - 6x + 8 = 0$을 $(x-2)(x-4) = 0$으로 바꾸어 $(x-2) = 0$ 또는 $(x-4) = 0$이 되는 x의 값들을 찾아 주면 그게 답입니다. 그래서 $x = 2$ 또는 $x = 4$가 되지요. 이렇게 이차방정식은 인수분해를 통해서 x의 값을 구할 수 있답니다.

따라서 폭죽의 높이가 40m가 되는 순간은 쏘아 올린 지 2초 후와 4초 후입니다.

해순이가 이해가 되지 않는 듯 왜 2초 후와 4초 후 둘인지 물어보았습니다.

칠판에 그림을 그려 설명해 줄게요. 복잡한 식보다 때론 그림이 빠르니까요.

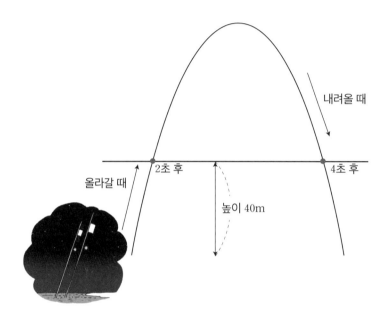

이제 왜 2초 후와 4초 후, 2개가 생기는지 알겠지요? 그림에서 알 수 있듯이 이차식은 x^2이라 x값이 보통 2개 생깁니다. 그리고 그림에서 보듯이 이차식은 포물선 모양입니다. 신기하지요? 이차식으로 포물선 그림을 나타낼 수 있다는 것에 놀라워해야 합니다.

우리가 수학과 친해지려면 이런 작은 발견에 놀라움을 가져야 합니다. 그것은 모든 학문하는 사람들이 지녀야 할 필수 조건이기도 합니다. 앗, 정식이 이 녀석, 선생님이 좋은 말을 하는데 하품을 하다니.

알콰리즈미가 분필을 던지자 분필은 이차식, 즉 포물선을 그리며 정식이의 입속으로 들어갔습니다. 분필은 아름답게 포물선을 만들었습니다. 정식이의 입속 모양이 마치 0인 것 같았습니다. 분필이 떨어진 곳을 수식으로는 0이라고 할 수 있는 것처럼 말입니다.

정식이 학생, 분필 최고점과 바닥, 즉 입속에 떨어지는 데 걸리는 시간을 계산해서 숙제로 제출하세요.

알콰리즈미의 농담에 교실은 한바탕 웃음소리로 떠나갈 듯했습니다.

수업 정리

인수분해

이차방정식을 풀기 위해서 인수분해가 중요하게 작용하는 것
을 알 수 있습니다.

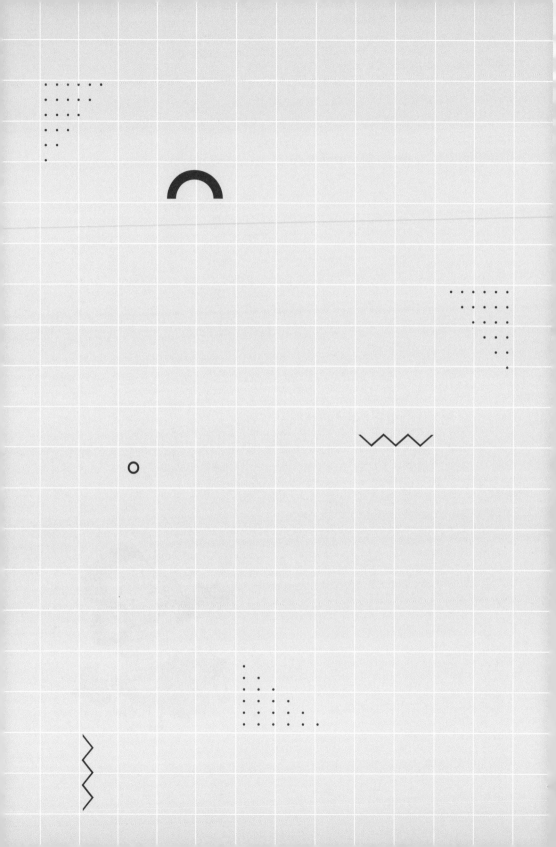

이차방정식에 필요한
인수분해와 판별식

이차방정식에 필요한 인수분해에 대해 설명합니다.
이차방정식의 계수를 이용한 판별식을 알아봅니다.

1. 이차방정식을 풀기 위한 인수분해를 배워 봅니다.
2. 이차방정식 근의 개수를 알 수 있는 판별식에 대해 알아봅니다.

미리 알면 좋아요

1. **인수분해** 이차방정식을 일차식의 곱으로 고친 후 일차식의 값이 0으로 되는 x의 값이 바로 이차방정식의 해가 됩니다. 인수분해해서 0으로 만드는 과정을 눈물을 쏟아내는 것에 비유하기도 합니다.

2. **판별식** 이차방정식의 계수만을 이용하여 근이 몇 개 나올 것인지 미리 알아볼 수 있는 편리한 공식입니다. 음식을 다 먹지 않고 맛만으로 음식을 평가하는 시음에 해당한다고 할 수 있습니다.

알콰리즈미의
세 번째 수업

이번 시간에는 인수분해에 대해 좀 더 알아보아야 할 것 같습니다.

0이 아닌 두 수의 곱은 0이 될 수 없습니다. 이 말에 의심이 나면 해순이가 직접 0이 아닌 수를 0에 한번 곱해 봐요.

해순이가 분필을 집어 들고 칠판에 다음과 같이 썼습니다.

$$A=0, B=0 \quad\quad A=0, B\neq0 \quad\quad A\neq0, B=0$$

정식아, 이런 표현을 몽땅 모아서 $A=0$ 또는 $B=0$이라고 해요. '또는'이라는 말은 수학적으로 보면 합집합의 의미를 가지고 있지요. 그래서 이차방정식을 인수분해해서 구한 답의 중간에 '또는'이라는 말을 사용하는 겁니다.

"저는 왜 '또는'이라고 하는지 몰라서 그렇게 썼는데⋯⋯."

정식이도 몰랐지만 가만히 있으면 2등은 할 수 있을 것 같아 가만히 있는 것 같네요. 나의 느낌이 정확할 거예요. 내가 "정식아."라고 부르자 깜짝 놀라더라고요. 한번 놀려 줄까 하는 생각도 했지만 참고 다음 설명을 하겠습니다.

이차방정식을 인수분해하면 차수를 낮추는 효과가 있지요. 차수를 낮추어야 아까 말했던 $A=0$ 또는 $B=0$이라는 방법을 쓸 수가 있어요. 음, 갑자기 등장한 '차수'라는 말이 조금 걸리지요? 문자 위에 조그맣게 쓰인 수가 차수를 나타냅니다. 같은 문자가 곱해져 있는 정도를 표시하지요.

이차식을 인수분해하면 (일차식)×(일차식)=0으로 만들어지지요. 이런 꼴이 안 되는 경우는 어떻게 할까요? 뭘 어째요, 단념하면 되지요. 수학에서도 안 되는 것이 있다는 사실을 알아 두세요. 이렇게 안 되는 것을 되게 하기 위해 오늘도 우리 같은 수학자들이 노력을 하고 있습니다. 수학도 안 되는 것이 있다는 것이 더 인간적이지 않나요? 일부 학생들은 수학은 무조건 완벽하다고 생각하지만 수학도 때론 완벽하지 않습니다. 완벽은 신의 영역이지요. 수학은 인간이 만든 학문입니다. 물론 항문은 신이 인간을 위해 만드셨지만요.

다시 돌아와 이차식을 인수분해해서 (일차식)×(일차식)＝0으로 되는 경우라면 정성이 가상하니까 해를 구해 줍시다. 어떤 친구인지, 실제로 그 모습을 한번 볼까요.

$(x-1)(x-2)=0$의 근은 $x-1=0$ 또는 $x-2=0$을 이용해서 풀 수 있다고 했지요? 따라서 구하는 근은 $x=1$ 또는 $x=2$가 됩니다.

그런데 아까 우리가 걱정하던 일차식으로 변하지 않는 정말 딱딱한 이차식이 궁금하지 않나요? 한번 보여 줄까요? 나도 그

친구를 보고 싶군요.

$$x^2 - 4x + 7 = 0$$

이 녀석이군요. 일단 인수분해하려고 덤벼 볼까요?

$$x^2 - 4x + 7 = 0$$

      1

    7 ←7의 약수를 구하는데 7은 소수라
       약수가 1과 7뿐이지요. 좀 깐깐하네요.

1과 7을 더해서 −4를 만들 수가 없지요? 그럼 이건 분명 인수분해가 안 되는 경우입니다.

해순이와 정식이도 나와서 5분을 끙끙거리며 풀려고 노력했지만 눈에 핏발만 섰습니다.

웃어요, 웃어. 사실 그 이차방정식은 성질이 좀 있고, 인수분해랑은 안 친한 놈이에요. 만약 해순이가 싫어하는 당근을 억지로 해순이에게 먹인다고 생각해 봐요. 그때 해순이의 기분이 어떻겠어요. 수학의 식도 그들의 입맛에 맞는 것을 주어야 합니다. 그래야 '헤' 하고 웃으면서 그들의 해 x의 값를 보여 줍니다.

정식 학생, 그럼 저 녀석 $x^2 - 4x + 7 = 0$이 좋아하는 것은 도대체 뭘까요?

"난 호빵이 좋은데……."

호빵 같은 소리 하지 마세요. 저 녀석이 즐겨 먹는 것은 근의 공식입니다. 근데 내가 신문지 위에서 살짝, 약식 계산_{판별식}을 해 보니 저 녀석의 근은 실수 범위_{자연수를 포함한 큰수의 범위} 내에서는 구할 수가 없었어요. 이 녀석이 보기보다 베베 꼬여서 녀석의 근은 허근일 것 같아요.

알콰리즈미가 허근이라는 말을 꺼내자 정식이와 해순이는 새로운 수학 용어에 상당한 거부 반응을 보입니다. 그래서 알콰리즈미는 일단 근이 없다고 말하고 다음에 설명해 주어야겠다고 생각합니다.

허근이라는 말은 중학교에서는 '근이 없다'고 하고 고등학생이 되면 '허수의 근을 갖는다'고 합니다. 허수_{비어 있는 수}의 근도 근이라는 이상한 모순_{앞뒤가 맞지 않음}이 발생하게 되면서 고등학생들의 눈총을 받게 되지요. 여기서는 이 정도에서 멈춰요. 머리가 부서지기 전에…….

내가 어떻게 그 이차방정식의 근이 없다는 것을 신문지에 끼적거리며 알았는지 그 방법을 배우기로 합시다. 그 전에 좀 쉴까요?

알콰리즈미는 아이들에게 수학은 그만두고 밖에 나가서 공을 차자고 했습니다. 모두들 기분이 좋아 함성을 질렀습니다. 그러나 공을 준비하고 밖으로 나가자마자 장대비가 쏟아집니다. 어쩔 수 없이 다시 수학 공부를 하기로 합니다.

여러분들을 위해 수학 말고 재미난 이야기를 해 줄까요?
"네~."

중국 송나라의 실존 인물로 판관 포청천이라는 분이 계셨어요. 이마에는 검은 초승달 모양의 흉터가 있고 검은 외모에 엄하게 생긴 사람이었지요. 그분은 공명정대한 판결로 이름을 떨쳤습니다.
이건 어디까지나 중국 이야기이고 수학 나라에도 그런 분이 계십니다. 그분은 판별식이라는 분이지요. 그분도 이차방정식의 정체를 공명정대하게 가리는 분입니다. 그분의 이마에는 판별식을 상징하는 알파벳 D가 새겨져 있지요.

판관 포청천은 사람들의 신분에 따라 세 가지의 작두를 사용했다고 합니다. 개작두, 용작두, 호작두로 구분하여 신분이 높은 사람이 죄를 지어 형을 집행할 때는 용작두, 신분이 낮은 사람에게는 개작두를 썼습니다.

수학 나라의 법관도 이차방정식의 모양을 구별하는 데 판별식을 적용하였습니다. 근이 2개, 근이 1개, 근이 없는 것에 따라 판별식을 구분하여 사용합니다.

이때, 정식이와 해순이가 항의를 했습니다.

"재미난 이야기를 해 준다고 하시더니 결국 수학 이야기잖아요."

하하하, 수학자인 내가 아는 이야기가 수학 이야기밖에 더 있겠습니까.

여하튼 이왕 알게 된 판별식이니 마저 공부해 봅시다.

이차방정식 $ax^2 + bx + c = 0\,(a \neq 0)$에서 판별식 D$= b^2 -$ 4ac이고, 판별식은 근의 개수를 판별하는 식입니다. x를 이용하지 않고 계수만을 이용하여 판별식을 만들어 내지요.

판별식 D의 값에 따라 근의 종류가 세 가지로 나누어집니다.

D$= b^2 - 4ac > 0$ 판별식의 값이 양수이면 ⇒ 서로 다른 두 실근, 즉 근이 2개가 생깁니다.

D$= b^2 - 4ac = 0$ 판별식의 값이 0이면 ⇒ 중근같은 근이 1개 생깁니다.

D$= b^2 - 4ac < 0$ 판별식의 값이 음수이면 ⇒ 서로 다른 두 허근이 생깁니다. 중학교까지는 근이 없다고 배우고 그게 사실이라고 떠들고 다니지요. 사실은 그게 아닌데 말이죠. 그 이유는 실수 범위에서는 근이 없기 때문입니다.

이차방정식의 꽃 판별식

다음의 문제로 좀 더 알기 쉽게 설명해 줄게요.

(1) $x^2 - x - 3 = 0$

(2) $x^2 - 6x + 9 = 0$

(3) $2x^2 - x + 2 = 0$

(1)을 해부해 봅시다. 해부한다고 해서 칼을 준비할 필요는 없습니다.

$x^2 - x - 3 = 0$ ← $ax^2 + bx + c = 0(a \neq 0)$의 판별식은 $b^2 - 4ac$

$a = 1,\, b = -1,\, c = -3$

$D = (-1)^2 - 4 \times 1 \times (-3)$

$\quad = 1 + 12 = 13$

$13 > 0$판별식의 값이 양수지요.

$b^2 - 4ac > 0$이므로 서로 다른 두 실근이 생깁니다.

(2)를 해부해 봅시다.

$$x^2-6x+9=0$$

$$D=(-6)^2-4\times1\times9$$

$$=36-36$$

$$=0$$

$b^2-4ac=0$이므로 근이 1개 생기지요. 중근이라고 말하기도 해요.

(3)을 해부해 볼까요.

$$2x^2-x+2=0$$

$$D=(-1)^2-4\times2\times2$$

$$=1-16=-15$$

$-15<0$판별식의 값이 음수네요.

$b^2-4ac<0$이므로 서로 다른 두 허근, 실근이 없는 경우입니다.

"근이 2개는 용작두, 근이 1개는 호작두, 근이 없으면 개작두를 대령하라."

정식이가 나서며 한마디 하자 모두들 웃음을 터뜨렸습니다.

이런 즐거운 분위기에서 나는 완전제곱식을 이용한 이차방정식의 풀이를 설명하려고 합니다.

아이들의 표정이 싸늘해졌습니다. 알콰리즈미는 어쩔 수 없이 다음 시간에 설명하기로 했습니다.

❶ 인수분해

이차방정식을 두 일차식의 곱으로 표현하는 것을 인수분해라 고 합니다.

❷ 판별식

근의 개수를 판별하는 식을 말합니다.

이차방정식 $ax^2+bx+c=0(a\neq0)$에서 판별식 $D=b^2-4ac$ 입니다.

$D=b^2-4ac>0$판별식의 값이 양수이면 $\Rightarrow$ 서로 다른 두 실근,

즉 근이 2개 생깁니다.

$D=b^2-4ac=0$판별식의 값이 0이면 $\Rightarrow$ 중근같은 근이 1개 생깁니다.

$D=b^2-4ac<0$판별식의 값이 음수이면 $\Rightarrow$ 서로 다른 두 허근이 생깁니다. 중학교에서는 근이 없다고 배웁니다.

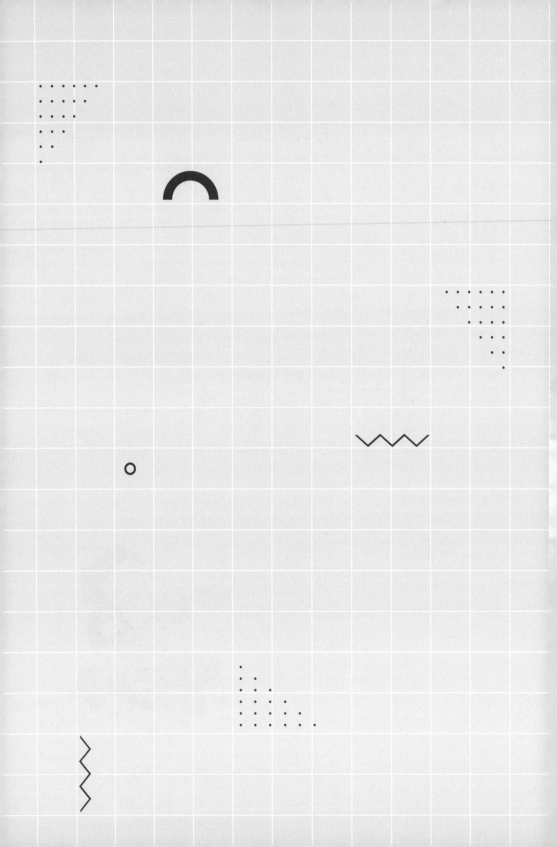

완전제곱식을 이용한
이차방정식의 풀이

인수분해를 통한 이차방정식의 풀이 외에
완전제곱식을 이용하는 방법을 배워 봅니다.

1. 완전제곱식에 대해 알아봅니다.
2. $\sqrt{}$의 사용법을 배워 봅니다.

1. **완전제곱식** 어떤 식을 똑같이 두 번 곱한 것을 말합니다. 완전제곱식을 이용하여 이차방정식의 근을 찾기 전에 반드시 제곱근의 성질과 활용법을 익혀 둡니다.

2. **제곱근** 제곱근은 실수입니다. 중학교 수의 범위에서 수는 무리수와 유리수로 되어 있습니다.

알콰리즈미의
네 번째 수업

지난 수업에서 설명하려고 했던 완전제곱식을 이용한 이차 방정식의 풀이에 대해 이야기하도록 하겠습니다.

'완전'이라는 말은 알겠는데 '제곱식'이 뭔지 모르겠다고요? 차근차근 설명할게요.

혹시 '완전제곱수'는 들어 봤나요? 1, 4, 9, 16, …… 같은 수를 완전제곱수라고 해요. 특징을 살펴보면 1은 1^2 1×1으로 둘 수 있고, 4는 $2^2$₂ₓ₂으로 만들 수 있지요. 9는 어떻게 될까요? 맞아요. $3^2$₃ₓ₃으로 나타낼 수 있습니다. 이처럼 어떤 수의 제곱, 즉 똑같은 수가 두 번 곱해져 만들어지는 수를 완전제곱수 라고 하는 겁니다.

우리는 똑같은 수가
두 번 곱해져 만들어지는
완전제곱수라네.

"그럼 완전제곱수는 알겠는데 완전제곱식은요?"

그래요 '수'는 '수'이고 '식'은 '식'이지요. $x+2$는 분명히 식이라고 부르지요. 이런 $x+2$라는 식이 두 번 곱해져서 만들어진 식을 완전제곱식이라고 하고 $(x+2)^2$으로 쓰지요. 같은 수가 두 번 곱해지면 완전제곱수, 같은 식이 두 번 곱해지면 완전제곱식이 되는 겁니다.

정식이 자나요? 눈 뜨세요.

이제 진짜 완전제곱식을 이용하여 x의 값을 찾아볼 겁니다.

(1) $x^2=4$

$x^2=4$라는 식이 있습니다. 제곱해서 4가 되는 수에는 어떤 것이 있나요?

"2요."

오, 그래요. 2가 있지요. 해순아, 진짜 2밖에 없나요? 주변을 둘러봐요. 힌트! 수에는 양수도 있고 음수도 있어요.

"선생님, -2도 돼요."

정식이가 나서며 대답하자 알콰리즈미가 장하다는 눈빛으로 쳐다봤습니다.

그래요. $(-2) \times (-2) = 4$가 돼요. $x^2 = x \times x$를 의미하지요. 코에 주름을 만들며 힘주어 생각하면 같은 수를 반복한다는 의미를 가지고 있지요. 그러한 법칙을 지수법칙이라고 해요.

"선생님, $2 \times 2 \times 2 = 2^3$으로 나타내는 거 맞죠?"

해순이가 큰 소리로 질문하자 알콰리즈미는 목소리가 너무 크다며 핀잔을 주었습니다.

밖에서 누군가 들으면 여기서 싸움난 줄 알겠어요.
그럼 다시 다음 식을 함께 봅시다.

$$x^2 = 4 \implies x = \pm\sqrt{4} = \pm 2$$

음, $\sqrt{4}$가 2가 된다는 놀라운 사실. 대단하지요? 이런 놀라운 발견을 하기 위해서는 연습이 필요합니다. 한번 해 봅시다.

$$\sqrt{9} = 3, \ \sqrt{16} = 4$$

선생님이 이 정도 말하면 이런 수들의 규칙을 찾아봐야겠지요?

$\sqrt{9} = \sqrt{3 \times 3}$으로 되니까 $\sqrt{\ }$ 와 3 하나를 팔아먹고 3이 남는 겁니다. 물론 내가 팔아먹은 것은 아닙니다. 오래전에 수학자들이 이런 식으로 팔아먹었답니다.

$$x^2 = 4 \implies x = \pm 2$$

그래서 요런 이차방정식을 풀어낼 수 있는 거지요. 즉 이차방정식을 푸는 것도 따지고 보면 x의 값을 찾아내는 거라고 생각하면 됩니다.

간만에 어려운 계산을 하니 눈이 동그랗게 되네요. 하지만 이제 시작이니 정신 차리세요.

(2) $2x^2 = 3$

다음으로 $2x^2 = 3$이라는 이차방정식을 풀어 봅시다. 우와, 아까와는 달라요. x^2 앞에 2가 더 붙어 있지요. 문자 앞에 붙어 있는 수나 부호를 합해서 계수 라고 부릅니다. 한번 불러 보세요. 계수는 말이 없지요. 과묵한 친구입니다. 그렇지만 중학교 1학년 시험에 자주 등장해서 그 깜찍함을 알리기도 했어요. 녀석이 때론 귀엽기도 합니다. 물론 수학을 공부하는 학생들에게는 끔찍한 모습이지만 말이에요.

아무튼 x^2 앞에 2가 떡하니 붙은 경우를 계산해 봅시다.

$$2x^2 = 3 \implies x^2 = \frac{3}{2}$$

음, 과묵한 계수 2가 넘어가서 사이좋게 3을 나누네요. 어이쿠, 착해요. x^2을 없애고 x로 만드는 조건으로 $\frac{3}{2}$에 $\sqrt{}$를 씌울 수 있어요.

$$x = \pm \sqrt{\frac{3}{2}}$$

앗, 여기서 잠깐. 아까는 어떤 수의 제곱이 $\sqrt{}$ 근호 안에 들어 있었는데 이제는 $\frac{3}{2}$이라는 제곱이 안 되는, 말도 안 되는 녀석이 떡하니 버티고 있네요. 해순이와 정식이도 정말 난감하지요? 그럴 때 알콰리즈미 선생님에게 물어보아야죠. 입은 밥 먹을 때만 쓰는 게 아닙니다.

예를 들어 $x^2 = 5$에서 5처럼 제곱으로 만들 수 없는 징그러운 녀석을 만나면 주저 없이 그냥 근호 $\sqrt{}$를 씌워 녀석이 꼼짝 못하도록 합니다. 뭐, 그게 끝이냐고요? 그래요, 그게 끝입니다. 별거 아니지요? 하하, 모르는 부분이 나온다고 무턱대고 겁먹지 마세요.

$x = \pm \sqrt{\frac{3}{2}}$이 이차방정식을 푼 해가 됐다고 말하면 됩니다.

(3) $(x+2)^2 = 3$

이제 좀 더 어려운 겁니다. 하지만 이게 제곱근을 이용한 마지막 풀이이니 힘을 냅시다.

이제는 $(x+2)^2 = 3$의 풀이입니다. 치환법이라는 몹시 간단한 방법을 사용할 수도 있지만 처음 배우는 우리에게는 치환법보다는 그냥 푸는 게 오히려 쉽습니다. 그냥 풀어 봅시다. 아참, 치환법이란 복잡한 부분을 간단한 수나 문자로 바꾸어서 계산을 한 다음 계산이 끝나면 다시 그 복잡한 부분을 살짝 끼워 주면서 계산하는 것을 말합니다. 지금 당장은 중요하지 않으니 넘어가도 된답니다.

$$(x+2) = \pm\sqrt{3}$$

여기서 괄호를 벗어 버리고 좌변의 2를 우변으로 이항합니다. 그러면 부호가 바뀌게 됩니다.

$$x = -2\pm\sqrt{3}$$

자, 제곱근을 이용한 풀이는 다 끝났습니다.

이때 해순이가 깜짝 질문을 합니다.

"선생님, 이제껏 보지 못한 ± 기호는 뭔가요?"

일찍도 질문을 하는군요. 설명이 한참 진행됐는데 이제야 비로소 궁금해진 건가요? 가만히 있는 정식이보다는 낫네요. 정식이도 의문을 좀 가져 보세요. 수학은 의문에서 비롯되는 과목이라고 할 수 있어요.

$$x = \pm \frac{\sqrt{3}}{2} \text{은 } x = +\frac{\sqrt{3}}{2} \text{ 또는 } -\frac{\sqrt{3}}{2} \text{을 의미합니다.}$$

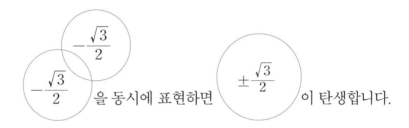

$-\frac{\sqrt{3}}{2}$ 을 동시에 표현하면 $\pm\frac{\sqrt{3}}{2}$ 이 탄생합니다.

$x = -2 \pm \sqrt{3}$ 은 $x = -2 + \sqrt{3}$ 또는 $x = -2 - \sqrt{3}$ 을 의미하므로 같이 사용해도 아무도 뭐라고 하지 않습니다. 편한 대로 하세요.

"선생님, 조금 전에 풀이한 것은 제곱근을 이용한 풀이 방법이잖아요. 완전제곱식을 이용한 풀이 방법은 언제 배우나요?"

해순이가 질문했습니다. 그러자 알콰리즈미는 가르칠 맛이 나는 것 같다며 기특해 했습니다.

그래요. 이제부터는 완전제곱식을 이용한 이차방정식의 풀이를 가르쳐 줄게요. 물론 엄청 어려워요. 모두 다 같이 심호흡을 한번 해 봅시다.

완전제곱식을 이용한 풀이는 이차방정식을 (완전제곱식)＝
(상수)의 꼴로 고친 후 제곱근을 이용하여 풉니다. 정식이는 돌
아서면 잊어버리지요? 제곱근이 뭐라고 했죠?

"근호요."

음, 알고 있네요. 미안해요. 제곱근은 한마디로 근호라고 합
니다. 해순이, 근호가 영어로는 뭐지요?

"루트요~."

해순이도 잘하네요. 에브리 바디 루트, 루트로 만들어 주는
것을 제곱근풀이라고 합니다.

알콰리즈미가 칠판에 다음과 같이 쭈욱 적자 아이들의 눈이
휘둥그레집니다.

$$x^2 + ax + b = 0$$

$$x^2 + ax = -b$$

$$x^2 + ax + \left(\frac{a}{2}\right)^2 = -b + \left(\frac{a}{2}\right)^2$$

$$\left(x + \frac{a}{2}\right)^2 = \frac{a^2 - 4b}{4}$$

$$x + \frac{a}{2} = \pm \sqrt{\frac{a^2 - 4b}{4}}$$

$$\therefore x = \frac{-a \pm \sqrt{a^2 - 4b}}{2}$$

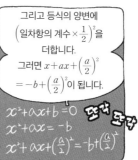

① 이차항의 계수가 1이 되도록 하세요. 지금 이 식은 미리 되어 있네요. 상수항을 우변으로 이항합니다.

② 등식의 양변에 $\left(\text{일차항의 계수} \times \dfrac{1}{2}\right)^2$을 더합니다.

③ 좌변을 완전제곱식으로 고치고 우변을 통분합니다.

④ 제곱근을 이용하여 방정식을 풉니다.

⑤ 정리하고 해를 구합니다.

뭐가 뭔지 몰라 힘들어하는 해순이와 정식이를 위해 예제 문제를 가지고 설명해 줄게요.

이차방정식 $x^2 - 3x - 3 = 0$을 풀어 보세요. 인수분해는 안 되는 놈들이지만 풀어 봅시다. 상수항을 우변으로 이항하면 되지요. 이항은 옮긴다는 뜻이라고 했지요.

$$x^2 - 3x = 3$$

좌변 일차항의 계수 -3의 $\dfrac{1}{2}$배를 제곱한 $\dfrac{9}{4}$를 양변에 더하면 다음과 같이 나타낼 수 있습니다.

$$x^2 - 3x + \frac{9}{4} = 3 + \frac{9}{4}$$

$$\left(x - \frac{3}{2} \right)^2 = \frac{21}{4}$$

$$\pm \sqrt{\frac{21}{4}} = \pm \frac{\sqrt{21}}{\sqrt{4}} = \pm \frac{\sqrt{21}}{2}$$

놀라운 변신 과정

$$x - \frac{3}{2} = \pm \frac{\sqrt{21}}{2}$$

$$\therefore x = \frac{3}{2} \pm \frac{\sqrt{21}}{2}$$

약간 알 듯 말 듯하지요? 그래서 연습이 필요한 겁니다. 수학은 문제를 풀어 보는 것도 중요합니다. 이번만은 여러분이 이 책에서 직접 이차방정식 문제를 찾아 스스로 풀어 보라는 의미에서 문제를 내지는 않겠습니다. 음, 여러분도 좋아하는 것 같군요.

"좌변 일차항의 계수를 $\frac{1}{2}$배 한 후 그 제곱을 양변에 더하여 완전제곱식으로 고치는 것 맞지요?"

정식이가 질문을 하자 알콰리즈미는 제대로 기억하고 있는 정식이의 머리를 쓰다듬어 주었습니다. 그때 해순이가 또 질문을 했습니다.

"이차방정식에서 인수분해가 되지 않는 경우에 완전제곱식을 이용하는 건가요?"

네, 맞습니다. 인수분해가 되지 않을 때 이를 해결하기 위해 우리 수학자들이 완전제곱식이라는 방법을 만든 것입니다. 완전제곱식을 이용하는 방법을 좀 더 업그레이드시킨 것이 바로 나 알콰리즈미입니다. 내가 창시한 것이 바로 근의 공식이거든요. 여러분들도 그렇겠지만 사람은 자신이 만든 것이 나올 때 최고로 기분이 좋습니다. 부모가 되는 순간이 그렇듯이 말이지요. 그래서 근의 공식에 대해 더욱 신나게 수업을 하고 싶네요.

완전제곱식을 이용한 이차방정식 풀이<small>제곱근 풀이</small>

$x^2 + ax + b = 0$

$x^2 + ax = -b$

$x^2 + ax + \left(\dfrac{a}{2}\right)^2 = -b + \left(\dfrac{a}{2}\right)^2$

$\left(x + \dfrac{a}{2}\right)^2 = \dfrac{a^2 - 4b}{4}$

$x + \dfrac{a}{2} = \sqrt{\dfrac{a^2 - 4b}{4}}$

$\therefore x = \dfrac{-a \pm \sqrt{a^2 - 4b}}{2}$

① 이차항의 계수가 1이 되도록 하세요. 지금 이 식은 미리 되어 있네요. 상수항을 우변으로 이항합니다.

② 등식의 양변에 $\left(\text{일차항의 계수} \times \dfrac{1}{2}\right)^2$을 더합니다.

③ 좌변을 완전제곱식으로 고치고 우변을 통분합니다.

④ 제곱근을 이용하여 방정식을 풉니다.

⑤ 정리하고 해를 구합니다.

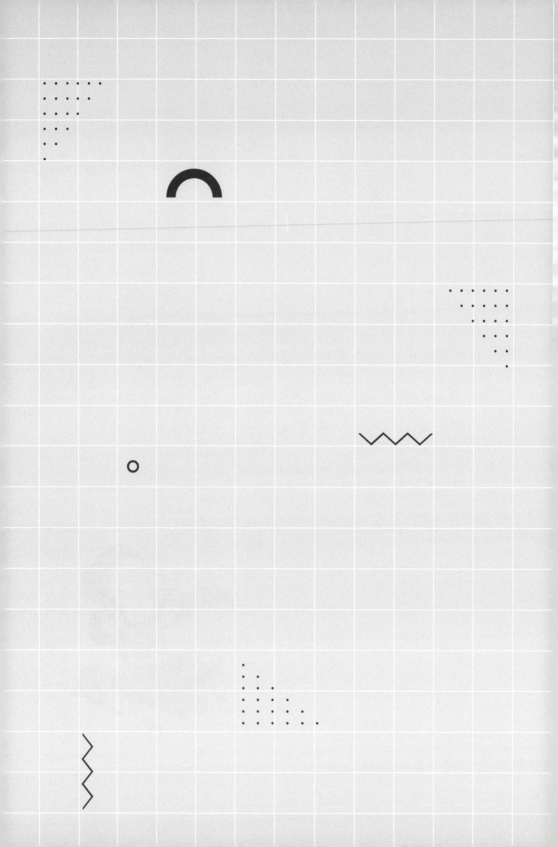

근의 공식

알콰리즈미가 만든 근의 공식에 대해 배워 봅니다.
근의 공식의 유도 방법에 대해서 공부하게 됩니다.

1. 근의 공식에 대해 알아봅니다.
2. 황금비를 근의 공식을 통해 찾아봅니다.
3. 짝수 근의 공식에 대해 알아봅니다.

미리 알면 좋아요

1. $\sqrt{}$의 값을 소수로 표현할 수 있습니다. 단, 근사값으로 알 수 있습니다.
   무리수는 분수로 나타낼 수 없습니다.

2. **황금비** 선분의 분할로 정의할 수 있는데, '전체 길이 : 긴 길이 = 긴 길이 : 짧은 길이' 를 만족하는 분할의 비를 말합니다.

알콰리즈미의
다섯 번째 수업

사람마다 얼굴이 다 다릅니다. 물론 눈, 코, 입과 같은 기본 구조는 다 같지요. 하지만 생김새가 약간씩 다른 것처럼 이차방정식도 그렇습니다. 기본 구조에 붙어 있는 계수들에 의해 고유한 특성이 결정됩니다. 계수는 지난번에 설명했지요? 대부분 기억을 못하는 것 같네요. 한 번 더 이야기해 줄게요. 계수란 문자 앞에 붙어 있는 수와 부호를 말합니다.

이차방정식의 근도 계수들에 의해 정해지며, 그 결과는 하나의 공식으로 잘 정리됩니다.

일반적인 이차방정식 $ax^2+bx+c=0\,(a\neq0)$의 근을 구하면 다음과 같습니다.

먼저, 이차항의 계수 a로 나눕니다.

$$x^2+\frac{b}{a}x+\frac{c}{a}=0$$

상수항 $\frac{c}{a}$를 우변으로 이항합니다.

$$x^2+\frac{b}{a}x=-\frac{c}{a}$$

일차항의 계수 $\frac{b}{a}$를 $\frac{1}{2}$배한 것의 제곱인 $\left(\frac{b}{2a}\right)^2$을 양변에 더합니다.

$$x^2+\frac{b}{a}x+\left(\frac{b}{2a}\right)^2=-\frac{c}{a}+\left(\frac{b}{2a}\right)^2$$

좌변등호의 왼쪽을 완전제곱식으로 고치고 우변등호의 오른쪽을 통분합니다.

$$\left(x+\frac{b}{2a}\right)^2=\frac{b^2-4ac}{4a^2}$$

이때, 방정식이 근을 갖기 위해서는 우변이 음이 아니어야 되겠지요.

우변이 음이 아닌 경우, 제곱근을 구합니다.

$$x+\frac{b}{2a}=\pm\frac{\sqrt{b^2-4ac}}{2a}$$

$$x=-\frac{b}{2a}\pm\frac{\sqrt{b^2-4ac}}{2a}$$

$$\therefore x=\frac{-b\pm\sqrt{b^2-4ac}}{2a}$$

하지만 우리들이 조심해야 할 것이 있습니다. 바로 $b^2 - 4ac < 0$이면 근이 생기지 않는다는 사실이지요. 하지만 영원한 것은 없습니다. 이 사실도 고등학생이 되면 달라집니다. 초등학생과 중학생은 여기까지만 알고 있어도 된답니다.

공부만 하니 머리가 지끈지끈하지요? 그럼 이제 그리스로 가 봅시다. 해순이, 정식이 모두 여권을 준비하세요.

"나는 왜 안 데려가려고 그래요?"

정식이가 뾰로통해져서 투덜거립니다. 정식이는 자신은 남자이므로 여권이 아니라 남권을 준비해야 되는 줄 알고 있었습니다. 그래서 여권을 준비하라는 알콰리즈미의 말을 자신을 빼놓고 가겠다는 것으로 이해한 것입니다.

여기에 그리스 고대 건축물이 웅장하게 서 있습니다.

알콰리즈미는 타고난 수학자가 틀림없는 것 같습니다. 모두들 경치에 탄복하고 있을 때 아이들에게 가르칠 수학이 떠오릅니다. 이 기회에 아이들에게 이차방정식을 이용하여 황금비를 가르쳐 주어야겠다고 다짐합니다.

해순이는 저 건축물이 왜 아름답다고 느껴지나요?

"잘 모르겠지만 뭔가 안정되고 편안해요."

그건 고대 건축물이나 예술품에 황금비가 숨어 있기 때문입니다. 황금비란 무엇일까요?

황금비

고대 피타고라스학파는 정오각형 안에 미의 기본인 황금비가 있다는 것을 발견했습니다. 그래서 정오각형으로 만들어진 별을 그들의 심벌마크로 만들어 자랑스럽게 가슴에 달고 다녔지요. 학교 배지처럼 말이에요.

황금비는 선분의 분할로 정의할 수 있는데, '전체 길이 : 긴 길

이 = 긴 길이 : 짧은 길이'를 만족하는 분할의 비를 말합니다 .

황금비는 무리수 $\frac{\sqrt{5}+1}{2}$로 나타나는데, 보통 소수점 세 번째 자리까지인 1.618을 사용합니다.

황금비별

피타고라스학파는 정오각형의 한 대각선이 다른 대각선에 의해 분할될 때 생기는 두 부분의 길이 비가 황금비가 됨을 발견했습니다.

직사각형의 경우 가로와 세로 길이의 비가 황금비를 이룰 때, 가장 안정감 있고 균형 있는, 아름다운 직사각형으로 느껴집니다.

지금까지 남아 있는 유물 중 황금 분할을 적용한 가장 오래된 예는 기원전 4700여 년 전에 건설된 피라미드입니다. 이로 미루어 보아 인류가 황금 분할의 개념과 효용 가치를 안 것은 훨씬 그 이전부터일 것이라는 추측이 가능합니다. 피라미드는 인류 역사를 통해서 사람들을 가장 매료시켜 온 건축물의 하나입니다. 그 규모의 장대함에서도 사람을 압도하지만 그것을 떠나서 그 형태 자체가 고도의 수학을 배경으로 한 것으로, 우리가 알고 있는 5천 년 전의 지식 수준으로는 불가사의한 것 중의 하나입니다.

피라미드

파르테논 신전

파르테논 신전의 외곽 모양이나 카드의 가로와 세로의 비 역시 대표적인 황금비 적용의 예입니다.

또한 황금비를 볼 수 있는 그림으로는 밀레의 〈이삭줍기〉가 있습니다. 균형이 잡힌 구도 속에서 황금비를 볼 수가 있답니다.

©Wikipedia.org

밀레의 〈이삭줍기〉

황금 분할1:1.618은 자연에서도 흔히 발견됩니다. 계란의 가로, 세로의 비가 그렇고, 소라껍데기나 조개껍데기의 각 줄 간의 비율에서도 황금 분할이 나타납니다. 또한 식물들의 잎차례, 가지치기, 꽃잎뿐 아니라 초

식 동물의 뿔, 바다의 파도, 물의 흐름, 나아가 태풍, 은하수의 형태에서도 황금 분할이 발견됩니다.

그리고 플라타너스의 잎, 왕사슴벌레, 호랑나비, 삼엽충류, 소라, 고둥, 개의 두개골, 달걀, 눈의 결정에 이르기까지 생활 속에서도 많은 황금비의 예들을 찾아볼 수가 있습니다. 와, 너무 신기하지요.

사람 몸에도 황금비가 있습니다. 인간의 신체 역시 황금 비율에 의해서 분할되어 있는데 이것이 아름다운 몸의 보편적 기준이 되고 있지요. 레오나르도 다빈치의 인체 비율에 대한 그림에서도 찾아볼 수 있습니다.

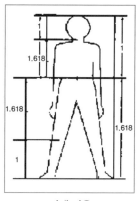

인체 비율

또한 손가락 뼈 사이나 얼굴 윤곽에서도 황금비는 발견됩니다. 그래서 인체 그림을 그리는 사람에게 황금비는 언제나 연구 대상이지요.

인간의 몸 구조가 이렇다면 당연히 옷에서도 황금비가 적용되겠지요. 예를 들면 윗도리와 아랫도리 옷의 길이 비에도 황금비가 적용된답니다.

황금비라는 말은 황금과 같이 변하지 않는 성질을 가지고 있다는 것을 뜻합니다. 간만에 놀랍고 신기한 이야기를 들었지요?

거의 모든 사람이 배꼽을 기준으로 앞의 그림과 같은 비가 나타나지요. 그래서 다음과 같은 식이 성립하는 겁니다.

$$\frac{\text{전체 선분의 길이}}{\text{긴 선분의 길이}} = \frac{\text{긴 선분의 길이}}{\text{짧은 선분의 길이}} = 1.618$$

이때 1.618은 근삿값입니다.

이제 진짜 이차방정식을 이용한 황금비를 구해 볼까요?

일단 황금비를 구하기 위해 미지수를 정해야 합니다. 뭘로 정할까요? 황금비가 길이의 비니까 전체 선분의 길이를 x로 두고 x를 나누어서 긴 쪽 선분의 길이를 1이라고 두면 x의 값이 바로 구하고자 하는 황금비의 값입니다. 그러니까 긴 선분의 길이가 1이고 전체 선분의 길이가 x이므로 짧은 선분의 길이는 $x-1$이지요.

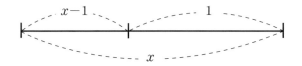

이제 방정식을 세워 봅시다.

전체 선분의 길이 : 긴 선분의 길이 = 긴 선분의 길이 : 짧은 선분의 길이

앞에서 배운 분수로 된 식이 바로 이 식이지요. 같은 겁니다. $x:1=1:x-1$, 내항은 내항끼리 외항은 외항끼리 곱해서 식을 정리하면 다음과 같이 됩니다.

$$x(x-1)=1$$
$$\therefore x^2-x-1=0$$

이제 이차방정식을 만들었으니 풀기만 하면 되는데 어떻게 풀까요? 정식이가 말해 보세요. 앞에서 배웠지요?

정식이가 고개를 숙입니다. 모르면 나오는 행동이지요. 그때 해순이가 대답합니다.

"인수분해가 안 되니까요, 선생님이 만드신 근의 공식을 이용하면 돼요."
기특한 해순이, 가르친 보람이 있군요.
"근데요 선생님, 근의 공식을 까먹었어요."
그러면 그렇지요.

근의 공식

x에 관한 이차방정식 $ax^2+bx+c=0$ $(a \neq 0)$의 해는 다음의 공식을 이용하면 구할 수 있습니다.

$$x = \frac{-b \pm \sqrt{b^2-4ac}}{2a} \ (\text{단}, \ b^2-4ac \geq 0)$$

$x^2-x-1=0$의 계수를 근의 공식에 대입하면 다음과 같이 되지요.

$$x = \frac{1 \pm \sqrt{1+4}}{2} = \frac{1 \pm \sqrt{5}}{2}$$ 부호가 겹치면 두 개를 동시에 나타내는 거라고 앞에서 배웠지요.

그런데 선분의 길이에는 음수가 없으므로 $\frac{1-\sqrt{5}}{2}$는 탈락. 음수가 되니까요. 그래서 $x>0$이므로 양수인 $\frac{1+\sqrt{5}}{2}$만 답입니다.

"근데 선생님, 황금비는 1.618인데 1.618은 어디에 있어요?"

음, 그렇게 생각할 수도 있지요. 그래서 내가 직접 황금비를 찾아 줄게요.

$\frac{1+\sqrt{5}}{2}$가 바로 황금비 1.618의 다른 모습이지요. 계산해 볼게요.

$\sqrt{5}$의 값은 약 2.236입니다. 알아 두면 중학교 때 쓰입니다. 그렇다면 $\sqrt{5}$의 자리에 2.236을 대입해서 계산하면 다음과 같이 황금비가 됩니다.

$$\frac{1+2.236}{2} = \frac{3.236}{2} = 1.618$$

황금비가 나왔습니다. 모두들 황금비에게 인사하세요.

황금비를 구하는 과정에서 이차방정식을 이용했습니다. 그 과정을 하나씩 정리해 놓는 것이 좋아요.

① 문제 해결을 위하여 구하고자 하는 것을 미지수로 정합니다. 황금비를 구하고자 했으니 황금비의 값이 미지수 x.

② 문제 상황에 맞게 방정식을 세웁니다. 우리는 비례식을 이

용해서 방정식을 세웠지요.

③ 방정식을 풀어 근을 구합니다. 그다음에 나의 작품인 근의 공식을 이용했습니다.

④ 구한 근 중에서 문제의 조건에 맞는 것을 택하여 문제를 해결합니다. ±가 나왔지요. 음수는 안 된다고 해서 냉정하게 −는 버렸습니다. 그 어린 것을 우린 답이 아니라서 버리고 만 것입니다.

"어, 알콰리즈미 선생님, 저기서 누군가 뛰어와요."

그렇군요. 누가 우리를 찾아오는 걸까요? 어, 저 사람은 이차방정식 x항의 계수 b잖아요?

x항의 계수란 이차방정식 $ax^2 + bx + c = 0(a \neq 0)$에서 $+bx$항의 '$+b$' 부분입니다. 근데 무슨 일일까요?

"헉, 헉. 알콰리즈미 선생님, 제 동생 못 보셨어요?"

b의 동생이면 b'_{b프라임}을 찾고 있군요. 아, 봤어요. 그는 운동을 한다고 호수 근처를 뛰고 있었어요.

그 말을 들은 b는 혼자만 운동을 한다고 짜증을 내며 호수 근처로 뛰어갔습니다. 그러자 해순이가 질문을 했습니다.

"b가 왜 짜증을 내는 거죠?"

b와 b'의 몸을 보면 $b = 2b'$으로 b가 b'의 2배입니다. b는 돼지지요. b'의 몸매는 S라인으로 날씬합니다. b'은 열심히 운동하는데 b는 마구 먹기만 하고 운동은 안 하면서 짜증만 내기 때문이지요. 같이 운동하기로 했지만 깨워도 여러분처럼 안 일어나서 b'만 운동을 하러 나갔는데 b는 자신을 안 데려갔다고 투덜댔던 거지요. 하하하.

하지만 b'도 처음부터 날씬했던 것은 아닙니다. b와 똑같은 몸매였지요.

그럼 b와 b'을 비교해 볼까요?

다이어트 전의 근의 공식

$$ax^2 + bx + c = 0\,(a \neq 0) \text{의 근 } x = \frac{-b \pm \sqrt{b^2 - 4ac}}{2a}$$

처음엔 b랑 똑같았지요.

다이어트 후의 근의 공식일명, 짝수 근의 공식

$ax^2+bx+c=0(a\neq0)$에서 일차항의 계수 b가 짝수인 경우, 즉 $b=2b'$일 때는 다음과 같습니다.

$$ax^2+2b'x+c=0의\ 근\ x=\frac{-b'\pm\sqrt{b'^2-ac}}{a}$$

날씬해졌지요. 다이어트에 관심이 많은 여러분들에게 지방이 분해되는 과정을 보여 줄게요.

이차방정식 $ax^2+bx+c=0(a\neq0)$의 근의 공식에 $b=2b'$을 대입하여 풀면 다음과 같습니다.

$$x=\frac{-b\pm\sqrt{b^2-4ac}}{2a}\quad \leftarrow b에\ 2b'을\ 대입시킵니다.$$

$$=\frac{-2b'\pm\sqrt{(2b')^2-4ac}}{2a}=\frac{-2b'\pm\sqrt{4b'^2-4ac}}{2a}$$

$$= \frac{-2b' \pm \sqrt{4(b'^2 - ac)}}{2a} = \frac{-2b' \pm 2\sqrt{b'^2 - ac}}{2a}$$

$$\therefore x = \frac{-b' \pm \sqrt{b'^2 - ac}}{a} \quad \text{짝수 근의 공식}$$

다이어트를 하면 얼마나 움직이기 편해지는지 볼까요?

이차방정식 $2x^2 - 4x - 1 = 0$을 근의 공식과 짝수 근의 공식을 이용하여 각각 풀어서 비교해 봅시다.

근의 공식

$a = 2, b = -4, c = -1$

$$x = \frac{-b \pm \sqrt{b^2 - 4ac}}{2a}$$

$$= \frac{4 \pm \sqrt{16 - 4 \times 2 \times (-1)}}{4}$$

$$= \frac{4 \pm 2\sqrt{6}}{4}$$

$$\therefore x = \frac{2 \pm \sqrt{6}}{2}$$

한발 늦게 답이 나오지요.
뚱뚱하기 때문에 약분을 해서
나온답니다.

짝수 근의 공식

$a = 2, b' = -2, c = -1$

$$x = \frac{-b' \pm \sqrt{b'^2 - ac}}{a}$$

$$= \frac{2 \pm \sqrt{4 - 2 \times (-1)}}{2}$$

$$\therefore x = \frac{2 \pm \sqrt{6}}{2}$$

여기는 벌써 답이 나왔어요.

이처럼 이차방정식 일차항의 계수가 2로 나누어질 때에는 짝수 근의 공식을 이용하는 것이 훨씬 편리합니다.

자, 수학에서도 운동이 중요하다는 것을 알 수 있지요? 우리 모두 운동을 합시다.

❶ 근의 공식

x에 관한 이차방정식 $ax^2 + bx + c = 0 (a \neq 0)$의 해

$x = \dfrac{-b \pm \sqrt{b^2 - 4ac}}{2a}$ (단, $b^2 - 4ac \geq 0$)

❷ 황금비

$\dfrac{\text{전체 선분의 길이}}{\text{긴 선분의 길이}} = \dfrac{\text{긴 선분의 길이}}{\text{짧은 선분의 길이}} = 1.618$

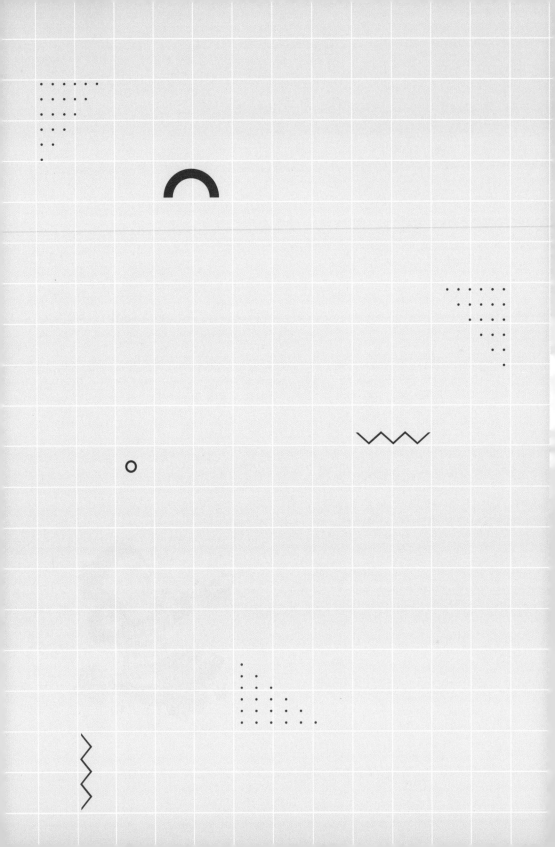

판별식

판별식을 이용한 중근에 대해 알아봅니다.
이차방정식의 활용과 그 과정에서 나오는 피타고라스의 정리도
같이 설명합니다.

1. 판별식에 대하여 알 수 있습니다.
2. 중근이란 무엇인지 알 수 있습니다.
3. 이차방정식의 활용에 대해 알 수 있습니다.

미리 알면 좋아요

1. **중근** 인수분해한 결과로 똑같은 x의 값이 2개 나오면 그 근을 중근이라고 합니다. 중근의 값을 대입하면 완전제곱식의 값이 0이 됩니다.

2. **판별식** 곱셈공식처럼 이차방정식의 계수를 가지고 만들어 냅니다. 이차방정식의 일반형은 $ax^2+bx+c=0(a\neq0)$입니다. 여기서 계수란 a, b, c를 말합니다. 즉 a, b, c를 가지고 근의 공식도 만들고 판별식도 만들 수 있습니다.

알콰리즈미의
여섯 번째 수업

정식이는 이차방정식의 근에도 쌍둥이가 있다는 사실을 알고 있나요?

다들 알콰리즈미의 말에 신기해 하고 놀라워했습니다.

믿기지 않겠지만 이건 분명한 사실입니다. 믿지 못하는 여러분들을 위해 직접 눈으로 보여 주겠습니다.

이차방정식 $x^2+4x+4=0$을 조직 검사를 한 후 오늘의 수술인수분해을 시작해 봅시다.

$x^2+4x+4=0$

2+2   2

↑   2   ← 4의 약수를 구합니다.

더해서 x의 계수와 유전자 일치합니다.

더해서 $2+2=4$가 된다면 x의 계수와 일치합니다. 이런 과정을 의학계에서는 유전자 감식이라고 하지요.

수술 들어갑니다.

$x^2+4x+4=0$

$(x\qquad +2)$

$(x\qquad +2)$

수술 결과가 좋습니다. 이제 회복실로 옮기겠습니다.

$$(x+2)(x+2)=0$$

같은 것이 2개니까 한꺼번에 나타낼 수 있습니다.

$$(x+2)^2=0$$
$x=-2$ 또는 $x=-2$ 중복된 근을 갖는 경우입니다.

이게 바로 쌍둥이라는 것이지요. 이것을 이차방정식의 중근
이라고 합니다. 이때 $x=-2$로 한 번만 써도 좋습니다.

잘 봤나요. 다시 한번 정리해 봅시다.

이차방정식의 중근

- 이차방정식의 두 근이 중복되어 서로 같을 때, 이 근을 중근이라고 한다.
- 중근을 가질 조건은 이차방정식이 '완전제곱식 $= 0$' 꼴로 인수분해될 때이다.

또한 이차방정식에서 판별식 $D = 0$이면 서로 같은 두 근, 즉 중근을 갖습니다.

자, 여기서 판별식이 또 등장합니다. 앞에서 판관 판별식이라는 이야기를 들려준 것 기억나나요?

그럼 이 판별식의 탄생 신화에 대한 이야기를 들려주겠습니다.

이차방정식 $ax^2 + bx + c = 0 (a \neq 0)$의 근을 근의 공식으로 구하면 다음과 같습니다.

$$x = \frac{-b \pm \sqrt{b^2 - 4ac}}{2a}$$

이때 $\sqrt{b^2 - 4ac}$ 의 값에 따라 이차방정식 근의 성질이 각각 달라집니다.

$b^2 - 4ac > 0$이면, $\sqrt{b^2 - 4ac}$ 는 실수가 됩니다.

이때 x는 실근이고 $\dfrac{-b \pm \sqrt{b^2 - 4ac}}{2a}$ 로 2개의 근을 가집니다.

이것을 우리는 서로 다른 두 실근이라고 말합니다. 기호로는 $D > 0$ 이지요. 판별식이 0보다 크다는 말입니다.

$b^2 - 4ac = 0$이면, $\sqrt{b^2 - 4ac} = 0$이 됩니다.

따라서 x는 실근이 되기는 하지만 그 값은 $x = -\dfrac{b}{2a}$로 1개만을 가집니다.

설명을 좀 더 하면 $x = \dfrac{-b \pm \sqrt{b^2 - 4ac}}{2a}$ 에서 $\sqrt{b^2 - 4ac} = 0$이 되니까 사라지고, 남는 모양이 바로 $x = -\dfrac{b}{2a}$가 됩니다. 0은 다 없애는 성질이 있지요.

그러므로 x는 근이 1개 생기는 중근이 됩니다. 이때 $D = 0$으로 나타납니다.

수학은 기호를 많이 알고 있어야 합니다. 오락을 할 때 무기 사용법을 많이 알아야 하듯이 말입니다.

$b^2 - 4ac < 0$이면, $b^2 - 4ac$가 0보다 작다는 소리입니다.

이런 경우에는 $\sqrt{}$ 안에 음수가 들어갈 수 없으므로 해, 즉 x의 값을 구할 수 없습니다.

하지만 뒤에 허근 형님의 힘을 빌려 구해 내기도 합니다. 그건 그때 일이고 이 부분에서는 이만큼만 하겠습니다.

정리해 보면 $\sqrt{}$ 안에 있는 $b^2 - 4ac$의 값에 따라 근의 종류가 판별되므로 이런 뜻에서 식 $b^2 - 4ac$를 판별식이라고 부릅니다. 기호로는 D, 'Discriminant'의 이니셜입니다.

근의 공식만 다이어트가 있는 것은 아니랍니다.

이차방정식 $ax^2 + bx + c = 0 (a \neq 0)$의 판별식 $D = b^2 - 4ac$

이차방정식 $ax^2 + 2b'x + c = 0 (a \neq 0)$의 판별식 $\dfrac{D}{4} = b'^2 - ac$

살이 빠진 형태

이제는 판별식이 다이어트 되는 장면을 지켜봅시다.

$D = b^2 - 4ac \leftarrow b = 2b'$이므로 b 자리에 $2b'$을 대입시키세요.

$= (2b')^2 - 4ac = 4b'^2 - 4ac \leftarrow 4$로 나누세요.

$$\frac{D}{4} = \frac{4b'^2 - 4ac}{4} = b'^2 - ac$$

$$\therefore \frac{D}{4} = b'^2 - ac$$

우리는 미지수가 제곱 형태로 들어 있는 방정식인 이차방정식을 공부하고 있습니다. 힘은 들지만 조금씩 알아 가니까 성취감이 느껴지지요?

마침 정식이가 삼각자를 들고 있었습니다. 그래서 알콰리즈미는 삼각자의 변을 구하는 문제를 하나 즉석에서 만들어 해순이와 정식이에게 풀도록 시켰습니다.

쏙쏙 문제 풀기

빗변의 길이가 5cm인 직각삼각형에서 직각을 낀 두 변 길이의 합이 6cm일 때, 이 두 변의 길이는?

정식이는 이차방정식으로 식을 세워 풀지 않고 이 수 저 수 찔러 넣어 가며 계산을 하느라고 진땀을 흘립니다. 해순이는 x 라는 글자를 하나 쓰고는 그냥 문제를 바라봅니다.

여러분이 진땀을 너무 많이 흘리네요. 안타깝습니다. 배웠으면 좀 써먹어야죠.

하긴 연습 없이 바로 응용한다는 것이 쉬운 일은 아닙니다. 나도 처음 배울 때는 다 그랬습니다. 하지만 포기하지 않고 계속해 나가야 수학 문제도 정복이 됩니다.

이제 나와 함께 차근차근 문제를 풀어 봅시다.

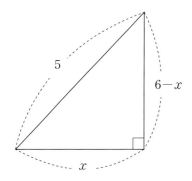

문제의 뜻에 따라 그림을 그려 보니 약간은 이해에 도움이 되

지요? 어이쿠, 이 문제는 그 유명한 나의 수학자 친구, 전교 1등 친구, 피타고라스의 정리의 도움을 좀 받아야 풀 수 있습니다.

5가 빗변으로 가장 긴 변입니다. 따라서 다음과 같은 방정식이 만들어집니다.

$$5^2 = x^2 + (6-x)^2$$

자료 정리하듯이 식을 정리해 봅시다.

$2x^2 - 12x + 11 = 0$ 이항, 동류항 계산, 식의 정리, 각가지 기술이
복합적으로 사용되지요.

이 식은 인수분해가 되지 않으므로 근의 공식으로 풀어야 합니다.

$$x = \frac{6 \pm \sqrt{14}}{2}$$

x는 0보다 크고 6보다 작아야 하므로 $x = \frac{6 \pm \sqrt{14}}{2}$ 입니다.

답이 정말 무섭게 생겼지요.

그럼 여기서 이차방정식을 활용할 수 있는 문제의 유형들을 좀 알아봅시다.

① 수의 활용

- 연속하는 두 정수 : x, $x-1$

- 연속하는 세 정수 : $x-1$, x, $x+1$

- 연속하는 두 짝수_{또는 홀수} : x, $x-2$ <small>홀수든 짝수든 다 같은 식을 세워도 됩니다.</small>

- 자연수 1에서 n까지의 합 : $\dfrac{n(n+1)}{2}$

② 도형의 활용

- 직사각형의 넓이 : (가로의 길이) × (세로의 길이)

- 삼각형의 넓이 : $\dfrac{1}{2}$ × (밑변의 길이) × (높이)

- 직사각형 둘레의 길이 : 2{(가로의 길이) + (세로의 길이)}

- 사다리꼴의 넓이 : $\dfrac{1}{2}$ × {(윗변) + (아랫변)} × (높이)

- n각형의 대각선 총수 : $\dfrac{n(n-3)}{2}$

③ 위로 던져 올린 물체의 높이

시간과 높이의 관계식을 이용하여 풉니다.

이해를 돕기 위해 간단한 문제 하나를 보겠습니다.

문제 풀기

대각선의 총수가 9개인 다각형은 몇 각형인가요?

신기하지요. 대각선의 총수만 알면 몇 각형인지 알 수 있을까요?

$$\frac{n(n-3)}{2} = 9$$

2가 9쪽으로 가서 곱해집니다. 그래도 됩니다. 자주 사용되는 계산 방법이니까 꼭 기억하세요.

$n(n-3) = 18$ ← 분배법칙으로 n을 $n-3$에 가서 곱해 줍니다.

$$n^2 - 3n - 18 = 0$$

이거 인수분해가 되네요.

$$(n-6)(n+3) = 0$$
$$n = -3 \text{ 또는 } 6$$

변의 개수에 음수가 없으니까 n은 6이 되어 6각형입니다.

이차방정식의 활용

① 수의 활용

- 연속하는 두 정수 : $x, x-1$

- 연속하는 세 정수 : $x-1, x, x+1$

- 연속하는 두 짝수 또는 홀수 : $x, x-2$

  > 홀수든 짝수든 다 같은 식을 세워도 됩니다.

- 자연수 1에서 n까지의 합 : $\dfrac{n(n+1)}{2}$

② 도형의 활용

- 직사각형의 넓이 : (가로의 길이) × (세로의 길이)

- 삼각형의 넓이 : $\dfrac{1}{2}$ × (밑변의 길이) × (높이)

- 직사각형 둘레의 길이 : $2\{($가로의 길이$)+($세로의 길이$)\}$

- 사다리꼴의 넓이 : $\dfrac{1}{2}$ × {(윗변) + (아랫변)} × (높이)

- n각형의 대각선 총수 : $\dfrac{n(n-3)}{2}$

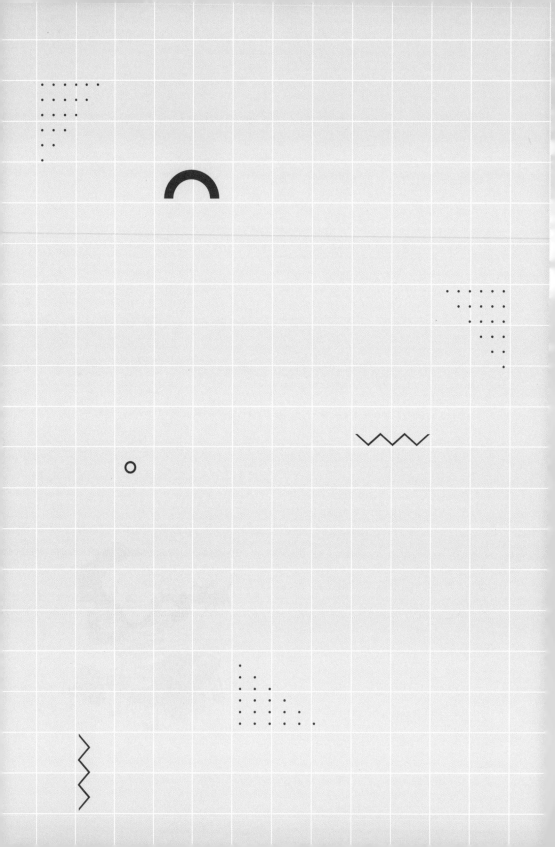

중국산
이차방정식

동서양에서 이차방정식의 유래와
풀이의 차이점을 비교합니다.
비례식을 이용한 이차방정식을 만드는 법을 배웁니다.

1. 옛 중국에서 만든 수학책에 등장하는 이차방정식 문제를 살펴봅니다.
2. 서양에서 사용된 방정식과 이차방정식의 유래에 대해 알아봅니다.

미리 알면 좋아요

1. **비례식의 성질** 내항은 내항끼리 외항은 외항끼리 계산합니다. 그 계산 과정
   에서 이차방정식이 생길 수도 있음을 미리 알아야 합니다.
   황금비 역시 같은 방법비례식 계산으로 식을 세울 수가 있습니다.

2. **근의 공식** 이차방정식 $ax^2 + bx + c = 0(a \neq 0)$의 근은 다음과 같이 구합니다.

$$x = \frac{-b \pm \sqrt{b^2 - 4ac}}{2a}$$

예를 들어, 이차방정식 $3x^2 - x - 2 = 0$에서

$$x = \frac{-(-1) \pm \sqrt{(-1)^2 - 4 \times 3 \times (-2)}}{2 \times 3} = \frac{1 \pm \sqrt{1 + 24}}{6} = \frac{1 \pm \sqrt{25}}{6}$$

$= \dfrac{1 \pm 5}{6}$ 이므로 방정식의 근은 $x = \dfrac{1+5}{6} = \dfrac{6}{6} = 1$과 $x = \dfrac{1-5}{6} = -\dfrac{4}{6}$

$= -\dfrac{2}{3}$ 입니다.

알콰리즈미의
일곱 번째 수업

해순이가 선생님께 질문했습니다.

"요즘 온통 중국산인데, 수학은 중국산이 없나요?"
왜 없겠어요, 있지요. 중국 문제 하나 풀어 봅시다.

문제를 푼다고 하자 정식이가 해순이를 잡아먹을 듯이 노려

봅니다. 아이들은 수학 문제가 중국산 김치보다 훨씬 더 싫은 가 봅니다.

옛날 중국인들도 이차방정식을 사용했습니다. 그 근거는 《구장산술》이라는 책에서 찾을 수 있습니다. 《구장산술》에는 다음과 같은 이차방정식 문제가 나와 있습니다.

쏙쏙
문제 풀기

> 동서남북을 향한 정사각형의 성벽으로 네 변이 둘러싸인 동네가 있다. 이 성벽 각 변의 중앙에 문이 있는데 북문을 나서서 북쪽으로 20보를 걸어가면 나무 한 그루가 있다. 그리고 남문을 나서서 남쪽으로 14보를 나아간 곳으로부터 직각으로 구부러져서 서쪽으로 1775보를 가면 비로소 이 나무가 보인다. 성벽 한 변의 길이는 얼마일까?

이 문제를 보니까 중국이 싫어지지요? 내가 바로 설명해 줄게요. 너무 미워 마세요.

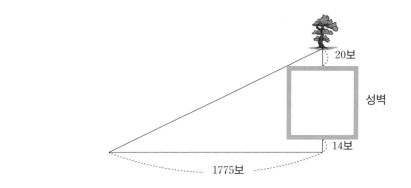

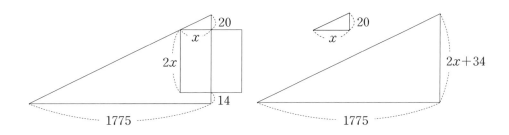

$(2x+34):20=1775:x$

$x(2x+34)=20\times1775$ ← 양변을 2로 나누고 이항합니다.

$x^2+17x-17750=0$ ← 인수분해합니다.

$(x-125)(x+142)=0$ $x>0$이므로 양수입니다.

$x=125$

성벽의 한 변은 $2x$이므로 $2\times125=250$보입니다.

머리가 복잡하지요? 머리에 받은 스트레스는 또 다른 스트레스로 밀어내야 합니다.

내 말을 잘 듣고 뭘 말하는지 맞혀 보세요.

어떤 수를 2번 곱한 수에서 어떤 수를 4배한 수를 뺀 후 3을 더했더니 0이 되었다.

어렵게 생각하지 마세요. 수학 받아쓰기라고 생각하면 쉽습니다. 답은 $x^2 - 4x + 3 = 0$입니다. 이 답을 보고 문제를 다시 보니 쉽지요? 바로 이차방정식입니다.

아이들은 결국 이차방정식에 대한 이야기를 한다며 투덜거립니다.

내가 바로바로 이차방정식을 푸는 수학자 알콰리즈미인데 할 수 있나요.

고대 이집트나 바빌로니아에서도 이차방정식을 푸는 방법을 연구했습니다. 하지만 획기적인 방법의 변화가 생긴 것은 그리스 시대였지요.

　그리스 시대의 누구냐고 정식이가 따집니다. 알콰리즈미가
왜 그러느냐고 물어보자 대답합니다.

　"복수하려고요. 왜 이차방정식을 연구해서 우리를 괴롭히는
지 따지고 싶기도 하고요."

　그분은 벌써 돌아가셨어요. 그분의 이름은 디오판토스Dio
phantos, 246?~330?. 멋진 묘비명을 가지고 있지요. 디오판토스는
문자식의 사용이나 이항 등 현재와 같은 방정식 해법의 기초를
이룩한 분으로, 지금부터 1700여 년 전 그리스의 수학자였어
요. 오, 아름다운 그리스.

　그는 훌륭한 수학자로 존경을 받았지만 언제 어디서 태어나
고 언제 어디서 죽었는지 아무도 알 수 없습니다. 나도 몰라요.
인터넷 검색해 봐도 안 나와요.

　그러나 그의 나이만은 알 수가 있습니다. 그의 묘비에 다음과
같은 문제가 새겨져 있기 때문이지요. 아래 멋진 비문이 있습
니다. 한번 보세요.

디오판토스는 일생의 6분의 1을 소년으로 지내고, 그 후 일생의 12분의 1을 청년으로 보내고 수염을 길렀다. 또 그 후 일생의 7분의 1이 지나 결혼하여 5년 후에 아이를 낳았다. 이 아이는 아버지 일생의 절반을 살았고 아버지보다 4년 전에 세상을 떠났다.

이 비문을 통해 디오판토스의 나이를 알아봅시다. 디오판토스가 사망한 나이를 x라고 하면 다음 방정식이 성립합니다.

$$\frac{1}{6}x + \frac{1}{12}x + \frac{1}{7}x + 5 + \frac{1}{2}x + 4 = x$$

양변에 분모들의 최소공배수인 84를 곱하여 정리하면 $x = 84$이므로 디오판토스는 84세까지 살았다는 결론이 나옵니다.

디오판토스는 당시 그리스 수학자들이 기하학, 도형에 관심을 가질 때, 기하가 아닌 대수 부분에 관심을 가졌습니다. 모두가 '네'라고 할 때 '아니오'라고 말하는 그런 정신의 소유자였던 것 같습니다. 그는 끝임없이 연구하여 이차방정식 풀이에 문자를 쓰게 되는 업적을 세웠습니다.

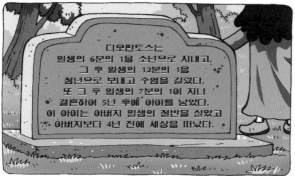

"그건 그렇고, 근의 공식은 누가 만든 거야. 어떤 사람이야.

정말 짜증나. 도대체 누구죠?"

정식이가 쑤욱 나서며 말하자, 알콰리즈미가 정식이에게 바짝 다가가서 정식이의 귀에 대고 "나다."라고 말했습니다. 정식이는 얼굴이 빨개지고, 영문을 모르는 해순이는 머쓱하게 주위를 두리번거렸습니다.

나는 나의 명예를 걸고 근의 공식이 왜 필요한지를 설명해야겠습니다. 지금은 세상이 변했습니다. 그냥 학생이니까 무조건 따르라고만 강요해서는 안 됩니다. 자, 이제 나를 보여 줄 때가 왔습니다.

다음의 이차방정식을 풀어 보세요.

$$x^2 + 2x - 8 = 0$$

인수분해를 사용하면 되지요. 인수분해는 이차방정식을 (두 일차식의 곱)=0으로 만드는 기술입니다. 기술 한번 걸어 봅시다.

$$x^2 + 2x - 8 = 0$$

$x \qquad -1 \qquad -2$

$x \qquad\quad 8 \qquad\quad 4 \ \leftarrow$ 8의 약수들을 아래, 위로 씁니다.

부호에 신경 써야 합니다.

이 중 더해서 $+2x$의 계수 2가 되는 약수를 찾아야 합니다. -2와 4가 우리가 찾는 약수입니다.

$$(x-2)(x+4) = 0$$

$+2x$는 계산 과정에서 일차식으로 바뀌면서 어디론가 사라집니다.

우리는 이것을 $+2x$의 희생이라고 부릅니다. 그래서 인수분해 된 상태에서 애도의 눈물을 흘려야 합니다.

$$(x-2)(x+4) = 0$$
$$\;\|\qquad\quad\| $$
$$\;0\qquad\quad 0$$

'엉 엉' 하고 눈물을 흘리는 장면이 바로 인수분해하는 과정인 것입니다. 믿거나 말거나지요.

$$x-2=0 \quad x+4=0$$

오른쪽, 왼쪽을 눈물방울 0으로 계산하면 다음과 같습니다.

$$x-2=0, x=2$$
$$x+4=0, x=-4$$
$$\therefore x=2 \text{ 또는 } x=-4$$

아~, 그들이 흘린 눈물이 정녕 가치가 있었는지 확인해 볼까요?

$x^2+2x-8=0$에 $x=2$를 대입시켜 봅시다.

$$2^2+2\times2-8=0$$

좌변과 우변이 0으로 같네요. $x=2$는 답이 맞습니다.

이번에는 $x=-4$를 대입시켜 보겠습니다.

$$(-4)^2 + 2 \times (-4) - 8 = 0$$

이것 역시 답이 되네요.

이로써 $x^2 + 2x - 8 = 0$의 해는 2와 -4가 된다는 것을 확인했습니다.

자, 그럼 이번엔 이 문제를 풀어 볼까요?

$$x^2 - x - 4 = 0$$

오호, 생긴 것은 간단하게 생겼네요. 풀어 봅시다.

10분의 시간이 흘러도 해순이와 정식이는 인수분해를 해내지 못합니다.

$$x^2 - x - 4 = 0$$
$$\begin{array}{ccc} 1 & -1 & -2 \\ -4 & 4 & 2 \end{array}$$

더해서 −1이 되는 수를 구할 수 없군요.

이제 내가 개발한 비장의 무기, 근의 공식을 사용할 때가 된 것 같습니다.

근의 공식

$$ax^2 + bx + c = 0(a \neq 0), \ x = \frac{-b \pm \sqrt{b^2 - 4ac}}{2a}$$

$x^2 - x - 4 = 0$과 근의 공식으로 재대결을 벌여 봅시다.

$$a = 1, \ b = -1, \ c = -4$$
$$x = \frac{+1 \pm \sqrt{(-1)^2 - 4 \times 1 \times (-4)}}{2 \times 1}$$

각자 위치에서 잘 싸웠네요. 근을 구할 수 있습니다. 전투의 결과입니다.

$$x = \frac{1 \pm \sqrt{17}}{2}$$

도대체 근의 공식이 왜 필요한 거죠?

그럼 $x^2-x-4=0$을 인수분해해 볼까요?

아주 간단하네요.

어~, 아무리 해도 -1이 되는 수를 구할 수가 없어요.

그럼 내가 만든 근의 공식을 사용해 봐요.

$$x=\frac{-b\pm\sqrt{b^2-4ac}}{2}$$

$a=1,\ b=-1,\ c=-4$

$$x=\frac{+1\pm\sqrt{(-1)^2-4\times1\times(-4)}}{2\times1}$$

$$x=\frac{1\pm\sqrt{17}}{2}\ \text{로 답이}$$

나왔습니다.

만약 내가 근의 공식을 만들지 않았다면 근을 어떻게 구했을까요?

선생님, 대단해요!

흐흐~ 뭐 이 정도를 가지고……

이제 알겠지요? 근의 공식이 아니었으면 그 불쌍한 $x^2-x-4=0$의 근을 어떻게 구할 수 있었겠어요.

왜 근의 공식이 필요한지 확실히 느꼈지요? 해순이와 정식이가 존경의 눈으로 날 쳐다보는군요. 나만의 생각인가요?

이 즐거운 기분으로 나의 이야기를 더 해 보겠습니다.

내가 쓴 《복원과 대비의 계산》은 오늘날 대수학代數學을 알지브라algebra라고 부르는 것만큼 유명한 책입니다. 컴퓨터 프로그램에서 규칙적인 계산 절차를 뜻하는 알고리즘algorism은 내 이름에서 유래된 것이고요. 좀 더 존경해 주세요.

내가 맨 처음 근의 공식을 만들어 푼 문제를 소개해 줄게요. 내가 사용한 방법입니다.

$$x^2+10x=39$$

$$x^2+10x+25=39+25$$

$$(x+5)^2=64$$

$$(x+5)=8$$

$$\therefore x=3$$

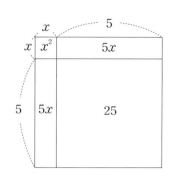

이렇게 근의 공식을 유도했습니다.

위의 방법으로 이차방정식 $x^2+bx=c$를 풀면 다음과 같이 됩니다.

$$x=\frac{-b\pm\sqrt{b^2+4c}}{2}$$

그때 당시에 나는 음수를 수로 인정하지 않았어요. 그래서 $\pm$에서 $-$는 빼 버렸지요. 하지만 최근에 와서는 $-$도 함께 답으로 인정하고 있답니다.

이차방정식의 근의 공식

인수분해가 되지 않는 경우에 사용됩니다.

$ax^2 + bx + c = 0 \, (a \neq 0)$

$x = \dfrac{-b \pm \sqrt{b^2 - 4ac}}{2a}$

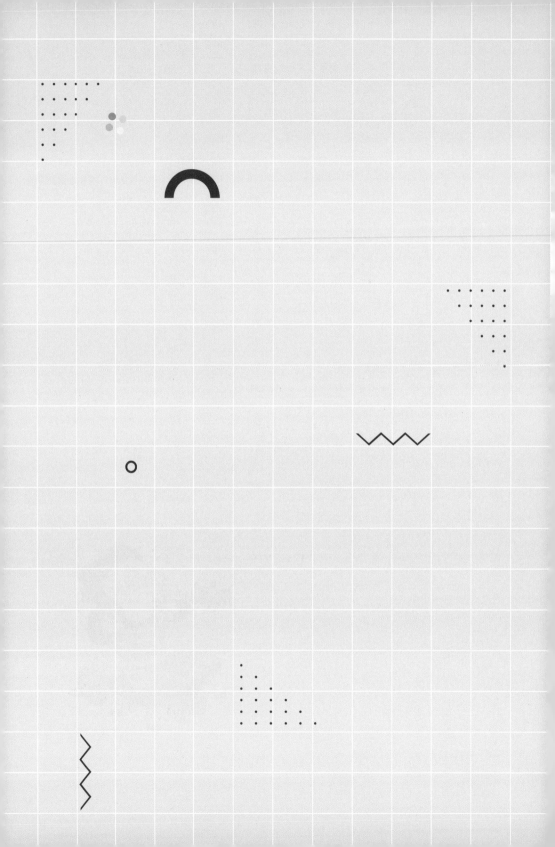

루트와
이차방정식

루트가 나오게 된 배경과
제곱근을 계산하는 방법을 배웁니다.
문장제 문제에서 이차방정식을 만드는 법을 배웁니다.

1. 루트가 생기게 된 배경을 이해합니다.
2. 문장제 문제를 이차방정식으로 만들어 봅니다.
3. 시각을 알 수 있는 공식을 배워 봅니다.

미리 알면 좋아요

1. **루트** 무리수를 표현하기 위해 만든 기호입니다. 루트 기호가 있다고 해서 모두 무리수는 아닙니다.

   예를 들어, $\sqrt{4}$는 2로 만들 수 있으므로 유리수입니다. 즉 루트 안에 제곱수가 없는 경우만 무리수라고 할 수 있습니다.

2. **시곗바늘이 1분 동안 움직이는 각의 크기**

   시침 $= \dfrac{30}{60} = 0.5°$

   분침 $= \dfrac{360}{60} = 6°$

알콰리즈미의
여덟 번째 수업

알콰리즈미는 갑자기 해순이와 정식이가 앞에서 배운 $\sqrt{\ }$ 에 대해 기억하고 있는지 궁금해졌습니다. 그래서 루트에 대해 알고 있는지 질문을 하니 정식이가 딴소리를 합니다.

"$\sqrt{\ }$기호가 루트예요?"

엥, 그럼 지금까지 루트가 뭔지도 모르고 이차방정식을 푼 건가요? 아아. 이런, 이 일을 어쩌지요. 이건 학생들 잘못이라고 할수 없지요. 다 내 탓입니다. 루트에 대해 다시 설명하겠습니다.

$\sqrt{}$ 는 제곱근을 나타내는 기호입니다. 제곱근이란 어떤 수를 제곱했을 때, 그 제곱의 결과에 대한 원래의 수를 이르는 말입니다. 예를 들어 $3 \times 3 = 9$이므로 3은 9의 제곱근입니다.

제곱근을 나타내는 기호는 근호root 라고 하는 $\sqrt{}$ 를 사용합니다. 예를 들면 $\sqrt{9} = 3$입니다. $(-3) \times (-3) = 9$이므로 음수 -3도 9의 제곱근입니다. 모든 양수는 양의 제곱근과 음의 제곱근을 가집니다. 이 두 제곱근은 부호만 다를 뿐 숫자는 같습니다.

수학은 계산을 할 수 있어야 응용을 할 수 있습니다. 결국 제곱해서 a가 되는 수를 찾아보면 되겠지요.

그림을 통해서 좀 더 자세히 설명하겠습니다.

※정사각형을 이용합니다. 왜 그럴까요? 제곱이란 말뜻에서그 이유를 알 수 있습니다. 제곱은 square정사각형에서 유래됐거든요.

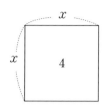

$x \times x = 4$

가로 세로가 같습니다. 따라서 $x = 2$입니다.

그런데 만약 정사각형의 넓이가 5가 된다면 생각이 많아집니다.

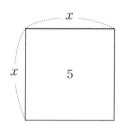

$x \times x = 5$

$x^2 = 5$ ← 두 수를 곱해서 5가 되는 수가

없습니다.

이때 쓰기 위해 만든 기호가 바로 $\sqrt{\ }$ 입니다.

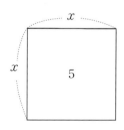 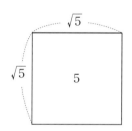

그래서 정리해 보면, $\sqrt{5} \times \sqrt{5} = 5$라고 약속해야 합니다.

제곱해서 5가 되는 수는 무리수밖에 없습니다. 그러므로 $x = \sqrt{5}$가 됩니다.

물론 $-\sqrt{5} \times -\sqrt{5} = 5$가 되지요. 이제 답을 구할 수 있겠지요.

$$\therefore x^2 = 5,\ x = \pm\sqrt{5}$$

모든 양수의 제곱근에는 양수와 음수 2개가 있어요. 양수 a의 제곱근을 기호 $\sqrt{}$를 사용하여 다음과 같이 나타냅니다.

양수인 제곱근 $\sqrt{a}$

음수인 제곱근 $-\sqrt{a}$

또 이것을 각각 a의 양의 제곱근, 음의 제곱근이라고 부릅니다. 여러분도 한 번씩 불러 보세요.

이때, 기호 $\sqrt{}$를 근호라고 하고, $\sqrt{a}$를 제곱근 a 또는 루트 a라고 읽습니다.

또 $\sqrt{a}$와 $-\sqrt{a}$를 함께 나타내어 $\pm\sqrt{a}$로 쓰지요.

근호는 제곱근의 기호를 줄인 말로 영어로는 radical sign이라고 합니다. radical은 뿌리root, 근를 뜻하는 radix에서 온 것이며 기호 $\sqrt{}$도 머리글자 r을 따서 만든 것입니다.

이 정도 설명하면 루트에 대해서 조금 알겠습니까?

참, 루트는 무리수를 표현할 수 있습니다. 그 역사적 근거를 하나 알려 주겠습니다.

4000년 전 바빌로니아의 점토판에는 밑변의 길이와 높이가 각각 1인 직각삼각형 빗변 길이의 근사값을 의미하는 수 1, 24, 51, 10이 쓰여져 있었습니다. 그때는 10진법이 아닌 60진법을 사용하던 시대이므로 이 수의 값은 다음과 같이 나타납니다.

$$1+\frac{24}{60}+\frac{51}{60^2}+\frac{10}{60^3}=1.41421296296\cdots$$

이처럼 소수점 아래가 불규칙적으로 끝없이 나아가는 것을 무리수라고 합니다.

매번 이렇게 나타내야 할 것을 $\sqrt{}$를 사용하면 표현이 간단해집니다. 다 필요해서 기호들이 생기는 것이랍니다.

어이쿠, 이차방정식 수업을 하다가 옆길로 좀 샜습니다. 이제는 이차방정식 문제를 하나 풀어 볼까요?

쏙쏙 문제 풀기

어떤 자연수를 제곱해야 하는데 잘못해서 2배를 하였더니 제곱한 것보다 80이 작게 되었다고 한다. 이때 어떤 자연수는?

어떤 자연수를 x라 하면 다음과 같은 식을 세울 수 있습니다.

$x^2 = 2x + 80$ ← 이항합니다.

$x^2 - 2x - 80 = 0$

이차방정식 모양이 딱 갖춰집니다. 인수분해가 되니까 인수분해를 해 봅시다.

$$(x-10)(x+8)=0 \quad \leftarrow \text{두 일차식을 0으로 만듭니다.}$$
$$x-10=0 \text{ 또는 } x+8=0$$
$$x=10 \text{ 또는 } -8 \quad \leftarrow -8\text{은 자연수가 아니라서 아깝게}$$
$$\text{탈락이네요.}$$

잠깐 쉬어 갈까요?

정식이와 해순이에게 쉬는 시간을 가르쳐 줄게요. 지금 시간이 7시니까 7시와 8시 사이에서, 시계의 두 바늘이 일직선이 되는 시각까지만 쉬어야 합니다.

알콰리즈미가 한 농담에 학생들은 무척 당황합니다. 해순이와 정식이는 쉬면서도 불안합니다.

"언제까지 쉬라는 소리야. 선생님은 너무 수학적이세요, 미워."

이 문제를 내가 직접 풀어 주겠습니다. 초등 경시나 중학교 심화에 자주 나오는 문제이기 때문에 가르쳐 주려고 한 것입니다.

구하는 시각을 7시 x분이라 둡니다. 7시부터 7시 x분까지 사이에 긴 바늘은 12시의 위치에서 x분 움직입니다. 한편, 짧은 바늘은 7시의 위치에서 $\frac{x}{12}$ 분 움직이지요. 그래서 짧은 바늘은 12시 위치에서 보면 $35+\frac{x}{12}$ 분만큼 움직인 위치입니다. 그리고 긴 바늘과 짧은 바늘이 일직선이 된다는 것은, 긴 바늘에서 30분 나아간 위치에 짧은 바늘이 있다는 소리지요. 그러므로 $x+30$과 $35+\frac{x}{12}$ 가 같아집니다.

식으로 나타내면 다음과 같지요.

$$x+30=35+\frac{x}{12} \qquad \leftarrow x\text{는 } x\text{끼리 모아서 계산합니다.}$$
$$x-\frac{x}{12}=35-30$$
$$\frac{11}{12}x=5$$

$$x = 5 \times \frac{11}{12} = \frac{60}{11} \qquad \leftarrow \frac{60}{11} \text{을 대분수로 고칩니다.}$$

$$= 5\frac{5}{11}$$

따라서 구하는 시각은 7시 $5\frac{5}{11}$ 분입니다.

"으아, 어려워요."

"알 듯 말 듯해요."

그래서 쉽게 사용할 수 있도록 공식을 하나 만들어 주겠습니다. 여러분도 외워 놓고 필요할 때 쓰도록 하세요.

쏙쏙 이해하기

시곗바늘이 1분 동안 움직이는 각의 크기

$$\text{시침} = \frac{30}{60} = 0.5°$$

$$\text{분침} = \frac{360}{60} = 6°$$

시침과 분침이 이루는 각도

$$|30 \times (\text{시}) - 5.5 \times (\text{분})| = \text{각도}$$

이 공식을 두고 대입해서 풀면 쉽게 풀립니다.

못 믿겠죠? 아까 그 문제 한번 확인해 볼까요?

$|30 \times 7 - 5.5 \times x| = 180$ 일직선은 $180°$입니다.

| |기호는 절댓값 기호로, 음수를 안 생기게 하는 작대기 기호입니다.

$$210 - 5.5x = 180$$

$$-5.5x = 180 - 210$$

$$-5.5x = -30$$

$5.5x = 30$ 좌변과 우변에 음수를 동시에 뗄 수 있습니다.
등식의 성질이라고 합니다.

$$x = \frac{30}{5.5} = \frac{60_{30 \times 2}}{11_{5.5 \times 2}}$$

그래서 답은 7시 $\frac{60}{11}$ 분, 즉 7시 $5\frac{5}{11}$ 분입니다.

답은 똑같지요? 공식을 이용하면 편리하답니다.

제곱근

모든 양수의 제곱근에는 양수와 음수 2개가 있습니다. 양수 a의 제곱근을 기호 $\sqrt{}$를 사용하여 다음과 같이 나타냅니다.

양수인 제곱근 $\sqrt{a}$

음수인 제곱근 $-\sqrt{a}$

이것을 각각 a의 양의 제곱근, 음의 제곱근이라고 부릅니다.

이차방정식에서
근과 계수와의 관계

이차방정식의 계수를 이용하여
근과 계수와의 관계를 알아봅니다.

1. 이차방정식의 계수를 이용하여 두 근의 합과 곱에 대해 알아봅니다.
2. 여러 가지 문장제 문제를 풀어 봅니다.

미리 알면 좋아요

1. 계수 문자 앞에 있는 수와 부호를 말합니다.

2. 곱셈공식의 변형

$$a^2 + b^2 = (a+b)^2 - 2ab$$

알콰리즈미의
아홉 번째 수업

오늘 배울 내용은 근과 계수와의 관계입니다. 해순이와 정식이의 관계는? 물론 친한 사이겠지요.

"우린 원수 관계예요."

하하, 그렇군요. 그럼 근과 계수는 어떤 관계인지 알아보는 시간을 갖도록 합시다.

근은 x라고 생각하면 되지요. 계수는 뭐냐고요? 지난번에 분명히 설명했습니다. 지금 설명하면 세 번째입니다. x 앞의 부호와 수로 된 것, 즉 $-4x$에서 -4가 계수입니다.

$x^2-3x-18=0$에서 근과 계수는 무엇일까요?

근은 x예요.

계수는 숫자인 -3과 -18이지요.

x^2은 앞에 1이 생략된 것이니 1도 계수겠군요.

자, 그럼 이차방정식에서 한번 살펴볼까요. 다음과 같은 방정식이 있습니다.

$$x^2-3x-18=0$$

이 이차방정식은 각각 1, -3, -18의 계수들이 붙어 있는 상태지요. 그런데 우리는 아직 x값을 알지 못합니다.

하지만 '근과 계수와의 관계'라는 공식을 통해 두 근의 합과 곱을 알아낼 수 있습니다. x의 값을 모르고도 말이지요. 놀랍지 않나요? 아직 무슨 소린지 모르겠다고요? 좀 더 차근차근 설명하지요.

일단 근과 계수와의 관계에 대한 성질을 먼저 봅시다.

이차방정식 $ax^2+bx+c=0(a\neq0)$ a가 0이 되면 이차가 안 되지요 의 두 근을 α, β라 할 때 다음이 성립됩니다.

두 근의 합 : $\alpha+\beta=-\dfrac{b}{a}$ \qquad 두 근의 곱 : $\alpha\beta=\dfrac{c}{a}$

a, b, c는 계수들이고 α와 β는 2개의 x값 각각을 나타낸 기호입니다.

숫자만 나와도 어려운데 문자와 알파벳으로 수학을 이해하려고 하니 더욱 힘들지요? 어차피 어려운 것, 차라리 수를 이용해서 다시 설명할게요.

아까 썼던 그 이차방정식 다시 등장해 주세요.

$$x^2-3x-18=0$$

좀 기다렸지요, 이차방정식. 일단 인수분해를 통해 이차방정식의 근을 구해 볼게요.

$$(x+3)(x-6)=0$$

인수분해를 통해 $x=-3$ 또는 $x=6$이라는 사실을 알았습니다.

그럼 근과 계수와의 관계를 알아봅시다.

$$a=1, b=-3, c=-18$$
$$\alpha+\beta=-\frac{b}{a}=-\frac{(-3)}{1}=3$$
$$\alpha\beta=\frac{c}{a}=\frac{-18}{1}=-18$$

앞에서 x가 -3과 6이었지요. 둘을 더하면 3이 되고요. $\alpha+\beta=3$이었으니까 똑같지요.

$(-3)\times6=-18$로 $\alpha\beta=-18$과 같습니다.

이처럼 두 근을 모르고도 이차방정식의 계수를 통해 두 근의 합과 곱을 알 수 있습니다.

근과 계수와의 관계를 이용하기 위한 곱셈공식의 변형된 모습들이 있는데 좀 어려운 녀석들입니다. 학년이 올라가면서 보게 될 녀석인데 오늘은 얼굴만 좀 익혀 둡시다.

$$a^2 + b^2 = (a+b)^2 - 2ab$$

$$|a-b| = \sqrt{(a+b)^2 - 4ab}$$

$$\frac{1}{a} + \frac{1}{b} = \frac{a+b}{ab}$$

$$\frac{b}{a} + \frac{a}{b} = \frac{a^2 + b^2}{ab} = \frac{(a+b)^2 - 2ab}{ab}$$

한결같이 다 무섭게 생겼지요. 다음에 보면 꼭 먼저 인사하도록 합시다. 얻어터지기 전에 말이에요.

이왕 무서운 존재들을 알게 된 김에 좀 더 무서운 놈들을 겪어 봅시다. 이차방정식에서 근과 계수와의 관계가 탄생한 배경을 숨죽인 채 지켜봅시다.

이차방정식 $ax^2 + bx + c = 0 (a \neq 0)$의 두 근을 다음과 같이 나타내면 두 근의 합과 곱을 구할 수 있습니다.

$$\alpha = \frac{-b+\sqrt{b^2-4ac}}{2a}, \quad \beta = \frac{-b-\sqrt{b^2-4ac}}{2a}$$

두 근의 합 $\alpha+\beta = \dfrac{-b+\sqrt{b^2-4ac}}{2a} + \dfrac{-b-\sqrt{b^2-4ac}}{2a}$

무섭게 생겼어도 초등학교 때 통분하여 계산하는 분수 계산의 손맛으로 얼마든지 할 수 있습니다.

$$= \frac{-b+\sqrt{b^2-4ac} \ -b-\sqrt{b^2-4ac}}{2a} \quad \leftarrow \text{통분}$$

해서 분자끼리 계산합니다. $+2$와 -2를 합하면 0이 되듯이 $+\sqrt{b^2-4ac}$ 와 $-\sqrt{b^2-4ac}$ 가 더해져도 0이 됩니다.

$$= \frac{-b-b}{2a} = \frac{-2b}{2a} \quad \leftarrow \text{약분시켜 줍니다.}$$

$$= -\frac{b}{a}$$

자, 이제 나왔습니다. 따끈합니다.

두 근의 곱 $\alpha\beta = \dfrac{-b+\sqrt{b^2-4ac}}{2a} \times \dfrac{-b-\sqrt{b^2-4ac}}{2a}$

$$= \frac{(-b)^2 - (\sqrt{b^2-4ac})^2}{4a^2}$$

이 계산 과정이 힘들면 공부 잘하는 중학교 3학년 형이나 누나에게 물어보세요. "합차 공식으로 설명해 주세요" 하면 잘 가르쳐 줄 겁니다.

$$= \frac{b^2 - b^2 + 4ac}{4a^2}$$ 이왕 물어보는 거 이 부분도 물어보세요.

$$= \frac{4ac}{4a^2}$$ ← 약분하세요.

$$\therefore \alpha\beta = \frac{c}{a}$$

상당히 무서운 시간이었지요? 해순이와 정식이가 숨도 안 쉬더라고요. 하지만 근과 계수와의 관계만 알고 있으면 탄생 배경은 몰라도 되니까 너무 무서워하지 맙시다.

다시 정리해 볼까요?

근과 계수와의 관계

이차방정식 $ax^2+bx+c=0\,(a\neq0)$의 두 근을 α알파라고 읽어요, β베타라고 읽습니다라고 할 때 다음과 같이 나타낼 수 있습니다.

두 근의 합 : $\alpha+\beta=-\dfrac{b}{a}$ 두 근의 곱 : $\alpha\beta=\dfrac{c}{a}$

주변에 공부 잘하는 형과 누나가 없는 친구들을 위해서 다음 공식을 알아 둡시다.

$$\frac{-b+\sqrt{b^2-4ac}}{2a}\times\frac{-b-\sqrt{b^2-4ac}}{2a}$$
$$(a+b)(a-b)=a^2-b^2$$

이 공식을 증명해 봅시다. 수를 대입해 보고 성립하면 되는 것입니다.

$a=2,\ b=1$이라 하고 식에 각각 넣어 봅시다.

$$(2+1)(2-1) = 2^2 - 1^2$$

$$3 \times 1 = 4 - 1$$

$$3 = 3$$

좌변의 결과와 우변의 결과가 같지요. 그래서 $(a+b)(a-b) = a^2 - b^2$이 공식으로 되는 겁니다.

$$\frac{-b+\sqrt{b^2-4ac}}{2a} \times \frac{-b-\sqrt{b^2-4ac}}{2a} = \frac{(-b)^2-(\sqrt{b^2-4ac})^2}{4a^2}$$

$$= \frac{b^2-(b^2-4ac)}{4a^2} = \frac{b^2-b^2+4ac}{4a^2} = \frac{4ac}{4a^2} = \frac{c}{a} \quad \text{아까 봤지요.}$$

근과 계수와의 관계는 중학교 3학년이 되면 나오고, 고등학생이 되어도 죽지 않고 또 등장하니까 미리미리 친하게 지냅시다.

이제 두 근을 알았으니 이차방정식을 우리가 한번 만들어 봅시다. 맨날 주어진 이차방정식에 대해 알아보았는데 적을 알고 나를 알면 백전백승이라는 말이 있듯이 우리가 이차방정식을 만들어 보는 시간을 갖겠습니다.

만드는 방법을 먼저 가르쳐 줄게요. 여러분은 잘 따라서 하기만 하면 돼요.

두 근이 주어졌을 때 이차방정식을 만드는 법

$$x^2 - (두\ 근의\ 합)x + (두\ 근의\ 곱) = 0$$

이것을 알고 있으면 끼워 넣기만 하면 되지요.

정식이 이리 나와서 만들어 봐요. 착한 두 근으로 내줄 테니까요.

두 근이 −4와 1입니다. 한번 만들어 보세요.

"일단 −4와 1을 더합니다. 더한 값은 −3. 그리고 순서에 따라 −4와 1을 곱합니다. 곱한 결과는 −4입니다."

음, 좀 하네요. 그다음도 해 보세요.

"$x^2-(-3)x-4=0$입니다."

−와 −가 만나면 +가 됩니다. 이제 정식이가 마무리해야 지요.

"그럼, $x^2+3x-4=0$입니다."

정식이가 이차방정식을 만들어 냈군요. 가르친 보람이 있습니다.

제대로 이해했는지 문제로 확인해 봅시다.

쏙쏙 문제 풀기

가로의 길이가 10m, 세로의 길이가 5m인 직사각형 모양의 수영장을 가로와 세로의 길이를 각각 xm씩 늘렸더니 그 넓이가 원래 수영장 넓이의 3배가 되었다. 이때 x의 값은?

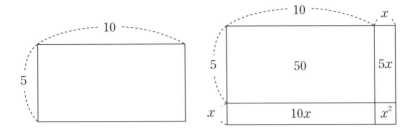

$$3(10 \times 5) = 50 + 5x + 10x + x^2$$

|
3배

$$150 = 50 + 15x + x^2$$

$$x^2 + 15x - 100 = 0$$

$$-5$$

$$20$$

$$(x-5)(x+20) = 0$$

$x = 5$ 또는 $x = -20$ 길이에 음수는 없으니까 -20은 탈락입니다.

답은 5m입니다.

내가 원래 쓰던 방법입니다. 그림을 그려서 풀어 보니 이해
가 쉽지요?

여러분을 위해서 시를 한 편 소개합니다.

"선생님께 그런 감성적인 면이 다 있다니."

하하, 잘 들어보세요.

꿀벌의 한 무리들

그 반의 제곱근만큼

재스민 숲속으로 날아갔다.

남은 꿀벌은

전체의 꼭 $\frac{7}{8}$

그와는 별도로

한 마리의 수벌이

연꽃 향기에 유혹되어

밤에 꽃 속에 들어가

지금은 그 속에 갇혀 있다.

한 마리의 암벌이

그 수벌이 있는 꽃 주변을

붕붕 날아다닌다.

벌은 모두 몇 마리인가?

해순이와 정식이가 항의합니다.

"그게 무슨 시예요? 반칙이다, 반칙."

뭐, 반칙? 웬 반칙. 이 시는 약 850년 전에 인도의 대 수학자 바스카라가 아름다운 시구로 엮어서 쓴 《릴라바티》라는 책에 실린 시랍니다.

예술적 기질이 있는 수학자 바스카라는 '풀어라', '증명하라'라는 딱딱한 수학적 물음을 거부하고 아름다운 시구로 수학을 표현했습니다. 나랑 비슷하지 않나요? 정식이 표정이 왜 떫은 감처럼 떨떠름한가요?

이 시는 수학적인 내용을 살펴봐도 수준이 좀 있어요. 그럼 바스카라의 시에 들어 있는 수학적 사실을 알아볼까요?

꿀벌의 무리를 x라고 하면 다음과 같이 나타낼 수 있습니다.

$x = \sqrt{\dfrac{x}{2}} + \dfrac{7}{8}x$ ← 정리합니다.

$\dfrac{x}{8} = \sqrt{\dfrac{x}{2}}$ ← 양변을 제곱하면 이차방정식이 생깁니다.

$\dfrac{x^2}{64} = \dfrac{x}{2}$ ← 최소공배수 64를 양변에 곱해 줍니다.

$x^2 - 32x = 0$

$x(x-32) = 0$

$x = 32$ 또는 $x = 0$

0은 조건에 안 맞으니 탈락시키면 x의 값은 32입니다.

여기서 새겨들어야 할 사실은 꿀벌의 무리는 32마리지만, 별도로 서로 사랑하고 있는 벌 한 쌍이 있으니까 꿀벌의 총수는 34마리라는 것입니다.

정식이가 소리를 칩니다.

"선생님은 뭘 해도 수학이네요."

맞아요. 그럼 문제를 하나 더 풀어 볼까요?

쏙쏙 문제 풀기

합이 8이고, 곱이 13인 두 수를 찾아보세요.

기분 나쁜 사람은 이 수 저 수를 대입해 봐도 됩니다. 아니면 근과 계수와의 관계를 이용하여 이차방정식을 만들어서 풀어도 됩니다. 각자 알아서 하도록 하세요.

구하고자 하는 두 수를 α, β라고 하면 다음과 같이 나타낼 수 있습니다.

$$\alpha + \beta = 8,\ \alpha\beta = 13$$

α, β는 이차방정식 $x^2 - 8x + 13 = 0$의 두 근입니다. 이 이차방정식을 풀어 봅시다.

아무리 발버둥을 쳐도 인수분해가 안 되지요. 그럼 누굴 찾을까요? 그래요, 내가 만든 근의 공식을 이용해 봅시다.

근의 공식이 닳아 없어질까 봐 근의 공식을 이용하는 방법은 안 보여 줄 겁니다. 책 앞부분에서 직접 찾아 해 보도록 하세요. 왜? 근의 공식은 소중하니까요.

풀면 $x = 4 \pm \sqrt{3}$이 나옵니다. 따로 떼서 답을 쓰고 싶은 사람은 $4 + \sqrt{3}$, $4 - \sqrt{3}$이라고 써도 됩니다.

❶ 근과 계수와의 관계

이차방정식 $ax^2 + bx + c = 0\,(a \neq 0)$의 두 근을 α, β라 하면 다음과 같이 나타낼 수 있습니다.

두 근의 합 : $\alpha + \beta = -\dfrac{b}{a}$　　　　두 근의 곱 : $\alpha\beta = \dfrac{c}{a}$

❷ 근이 주어졌을 때 이차방정식을 만드는 법

$x^2 - (\text{두 근의 합})x + (\text{두 근의 곱}) = 0$

허근의 등장

허근이 등장하는 배경과, 허근을 계산하는 법에 대해
알아봅니다.

1. $x^2 = -1$이 됨을 이용하여 허근에 대해 알아봅니다.
2. i 기호에 대해 알아봅니다.

미리 알면 좋아요

수의 범위 자연수보다 큰 범위는 정수이고, 정수보다 큰 범위는 유리수입니다. 유리수는 반대편에 있는 무리수와 함께 실수가 됩니다. 실수보다 더 큰 수의 범위는 복소수가 됩니다.

알콰리즈미의
열 번째 수업

수업을 시작하려고 하는데 갑자기 뒷문으로 허근이 드르륵 등장합니다. 알콰리즈미는 반갑기도 하고 놀랍기도 한 얼굴입니다.

어이, 허근, 서울에서 대학교 다닌다더니 웬일인가?

"저 이번에 휴학하고 군대 갑니다."

그래? 세월이 벌써 그렇게 됐구나.

"그런데 밖에서 얼핏 들으니 이차방정식을 풀이하면서 어떻게 제 이야기는 한마디도 안 하시죠?"

아직 학생들이 어려서…….

그 말에 약간은 자존심이 상했는지 해순이가 삐죽거립니다. 한편 정식이는 아무 생각이 없습니다. 정식이는 공부 머리도 없지만 자존심도 없나 봅니다. 해순이가 강하게 주장합니다.

"저, 허근이라는 오빠에 대해 알려 주세요."

해순이는 허근이 얼마나 겁나는 존재인지 모르는군요. 하지만 알려 줘야지요.

일단 순한 이차방정식을 하나 풀어 봅시다.

$$x^2 = 9$$

풀어 보세요. $x = 3$ 또는 -3이 되는 것 알지요?

그럼 그다음 좀 독한 녀석으로 풀어 봅시다.

$$x^2 = 5$$

풉니다. 이 녀석은 제곱해서 5가 되는 수가 없지요. 이런 경우를 유리수 범위에서는 풀 수 없다고 하는 겁니다. 그럼 어떻게 할까요?

실수 범위로 수의 범위를 확장해야지요. 확장이란 수의 범위를 크게 만드는 것입니다.

그래서 풀어 보면 $x = \pm\sqrt{5}$가 나옵니다. 실수 범위에서 무리수가 답이 되는 것입니다.

수의 범위에 대한 그림을 보세요.

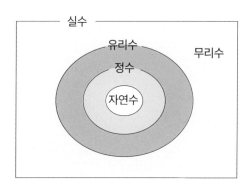

그림에서 보듯이 무리수는 유리수와 섞이지 않는 수입니다.

하지만 유리수든 무리수든 다 실수의 범위 안에 들어갑니다.

설명하는 동안 지루했는지 허근이 졸고 있습니다.

허근 군, 이제 자네에 대해 이야기할 겁니다. 짜잔~.

$$x^2 = -1$$

제곱해서 음수가 되는 수가 있을까요?

해순이와 정식이는 10여 분을 생각한 후 아무리 생각해도 그런 것은 없다고 단정을 짓습니다. 그러자 알콰리즈미는 허근을 가리키며 말했습니다.

그럼, 이 친구, 허근은 사람이 아니고 뭐죠?

해순이와 정식이가 고개를 갸웃거립니다.

뜸은 그만 들이고 이쯤에서 설명을 해야겠습니다.

$x^2 = -1$에서 x의 값은 실수 범위에서도 구할 수가 없습니다. 그렇다면 실수 범위 말고도 더 큰 수의 범위가 있다는 소리가 됩니다. 우리가 상상하지 못하는 제3의 범위? 그것은 바로 복소수라는 수의 체계입니다. 아직 우리가 한 번도 가 보지 않은 미지수의 세계, 우리가 상상할 수 없는 세계, 그곳을 복소수 세계라고 합니다. 그곳엔 우리에게 잘 보이지 않는 허수가 살고 있지요. 허수로 된 근을 허근이라고 합니다. 허수의 암호명은 i 아이, 특수 임무를 띠고 있습니다. 특수 요원 i를 이용하여 아까 $x^2 = -1$을 풀어 봅시다.

$$x = \pm\sqrt{-1}$$

여기서 사태의 심각성이 느껴집니다. $\sqrt{}$ 안에는 음수가 올 수 없다고 한 사실을 깨지 않고는 이 문제를 풀 수가 없습니다. 허근의 이름을 걸고 그 사실을 깹시다. 과감하게.

그럼 $\sqrt{-1}$ 을 i로 바꾸어 생각합니다. 이건 복소수계의 불문율이므로 앞으로는 그렇게 생각하기로 약속합시다. 약속은 지

키라고 있는 겁니다.

드디어 사건이 해결되려고 하는군요.

$$x^2 = -1, \ x = \pm\sqrt{-1}, \ x = \pm i$$

이렇게 또 하나의 이차방정식이 정복되었습니다.

가상의 수 i, 비밀 요원 i. 여러분들이 고등학생이 되었을 때 이 비밀 요원 i가 활약하여 어려운 이차방정식을 풀어 나갈 겁니다. 박수 한번 쳐 줍시다. 짝짝짝.

비밀 요원 i 도 인사해야지요.

"예, 저는 i 입니다. 제 이름은 오일러Euler, 1707~1783라는 분이 지어 주셨지요. 그분은 저를 허수imaginary number라고 불렀습니다."

환상의 수 i

다음의 방정식을 살펴봅시다.

$$(1)\, x^2 - 1 = 0 \qquad (2)\, x^2 + 1 = 0$$

얼핏 보면 비슷할 것 같지요? 하지만 그 결과는 완전히 다릅니다. 노는 물이 다르거든요.

$x^2 - 1 = 0$ 은 $x^2 = 1$ 로 이항하여 $x = 1$ 과 $x = -1$ 의 값을 얻습니다.

하지만 $x^2 = -1$ 은 어떤 실수를 제곱해도 음수가 되지 않으므로 실수 범위에서는 해가 없습니다.

그런데 이탈리아의 수학자 카르다노Cardano, 1501~1576는 이차방정식과 삼차방정식을 연구하던 중에 제곱해서 음이 되는 수가 있다고 가정한다면 이들 방정식을 풀 수가 있다는 것을 알게 되었습니다. 그는 그것이 만들어 낸 가공의 수이지만 이 수를 인정하고 싶어 했습니다.

그러나 많은 수학자들이 이 수가 계산에 큰 도움이 된다는 것을 인정하면서도 이 수의 존재에 대해서는 믿으려 하지 않았습니다. 18세기의 수학자 라이프니츠Gottfried Wilhelm von Leibniz, 1646~1716도 '허의 양은 아름답고도 신비한 신의 정신이 숨어 있는 장소에서, 실재와 허무 사이에 사는 양서류'라고 했지요. 좀 이상한 사고를 가진 사람 같습니다. 큭큭.

제곱해서 음이 되는 수를 허수라고 하며, 기호는 i로 나타냅니다. 곧 $i^2 = -1$이 됩니다. 이것은 오일러가 허수라고 부른 데서 생긴 이름입니다. 허수는 오늘날 수학의 세계뿐만 아니라 물리학과 공학 등 여러 분야에서 활용되고 있습니다.

독일의 가우스Karl Friedrich Gauss, 1777~1855라는 수학자가 허수를 포함한 수를 좌표평면 위에 나타내게 됨으로써, 허수는 환상의 수에서 실재의 수로 바뀌게 되었습니다.

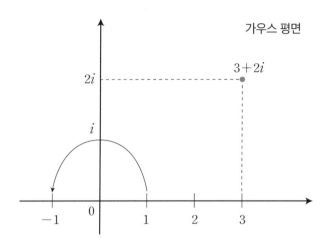

i는 다시 아이들에게 꾸벅 인사를 합니다.

허수 $i = \sqrt{-1}$

제곱해서 -1이 되는 수, 즉 $x^2 = -1$이 되는 수는 $\pm\sqrt{-1}$입니다. 여기서 $\sqrt{-1}$을 새로운 수 i로 나타내어 허수 단위라 하고, i를 포함하는 수를 허수라고 합니다.

$a > 0$ 일 때, $\sqrt{-a} = \sqrt{a}\,i$ 입니다.

우리의 허수들은 크기가 없습니다. 왜냐하면 가상의 수이니까요. $5i$가 $3i$보다 크다고 할 수 없지요. 크기가 없으니까 크기를 비교할 수 없습니다. 있지만 없는 수가 바로 허수의 실체입니다.

$$x^2 - x + 3 = 0$$

이차방정식을 계산해 보지 않아도 허근이 나올 것이라는 사실을 우리는 알 수 있습니다. 어떻게? 이름 하여 판, 별, 식.

계수들이 $a = 1$, $b = -1$, $c = 3$이지요. 그럼 그 계수들을 가지고 판별식에 넣어 보세요.

$$b^2 - 4ac \Rightarrow (-1)^2 - 4 \times 1 \times 3 = -11$$

-11은 0보다 작으니까 허근을 갖는다는 것을 알 수 있습니다. 앞에서는 '근이 없다'라고 배웠지요.

이제 근의 공식에 대입해서 근을 구해 봅시다.

$$x^2 - x + 3 = 0$$
$$x = \frac{1 \pm \sqrt{1 - 12}}{2} = \frac{1 \pm \sqrt{11}i}{2}$$

이제 우리는 근호 안의 −마이너스를 표현할 수 있게 되었습니다.

자, 허근에 대해선 그만 이야기하고 i의 생활 패턴을 말해 줄게요.

일단 i는 $\sqrt{-1}$입니다. 다음으로 $i^2=-1$, $i^3=-i$, $i^4=1$ 이 그의 삶의 패턴입니다. 나머지 5제곱, 6제곱, 7제곱은 다람 쥐 쳇바퀴 돌듯이 돌고 돕니다. 네 마디 주기로 반복되지요. 완 전 모범생입니다.

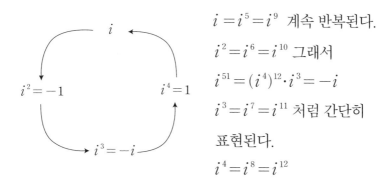

$i=i^5=i^9$ 계속 반복된다.

$i^2=i^6=i^{10}$ 그래서

$i^{51}=(i^4)^{12}\cdot i^3=-i$

$i^3=i^7=i^{11}$ 처럼 간단히 표현된다.

$i^4=i^8=i^{12}$

아이고, 눈알이 빙글빙글 돌지요. 오늘 수업은 여기서 마쳐야 겠습니다.

허수 $i = \sqrt{-1}$

제곱해서 -1이 되는 수, 즉 $x^2 = -1$이 되는 수는 $\pm\sqrt{-1}$입니다. 여기서 $\sqrt{-1}$을 새로운 수 i로 나타내어 허수 단위라 하고, i를 포함하는 수를 허수라고 합니다.

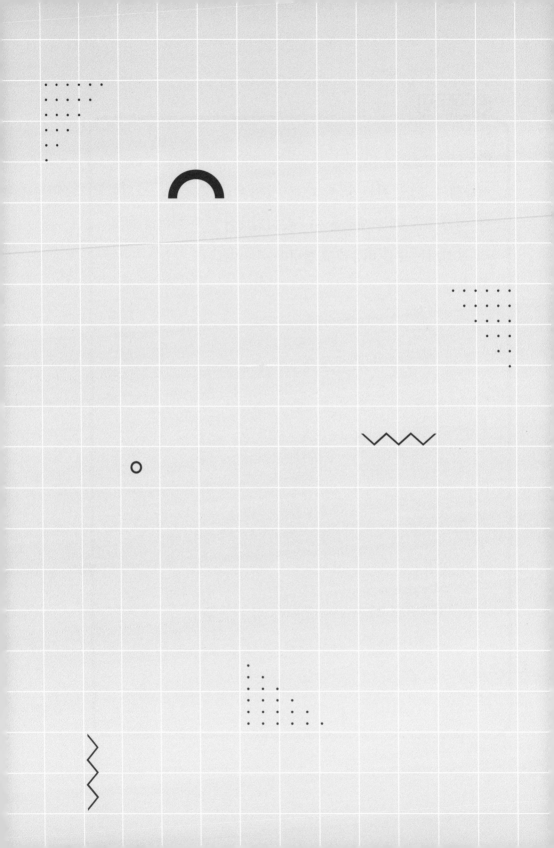

연립이차방정식 ①

이차방정식을 2개 연립하여 두 근을 구해 내는
연립이차방정식에 대해 알아봅니다.

수업 목표

연립일차방정식에 대해 알아봅니다.

미리 알면 좋아요

1. **연립** 두 방정식이 교점을 갖는지 알아보는 방식을 연립이라고 합니다. 연립된 상태에서 계산하는 방법에는 대입법, 가감법이 있습니다.

2. **이원** 원소의 미지수가 두 종류임을 니타냅니다. 보통 x와 y입니다.

3. **직선** 방정식은 주로 일차방정식입니다.

알콰리즈미의
열한 번째 수업

아이들은 서서히 이차방정식에 눈을 뜨기 시작합니다. 하지만 이차방정식도 더욱더 심화되어 가므로 쉽지만은 않습니다.

알콰리즈미는 어떻게 하면 아이들에게 이차방정식을 쉽게 가르칠까 고민하고 계속해서 연구하지만 학생들의 눈높이에 맞추기 위해서는 정말 많은 노력이 필요하다는 것을 다시 한번 느낍니다.

이번 수업 시간에는 연립이차방정식을 배워 봅니다. 다시 용어를 정리해 봅시다.

연립이란 식이 2개 이상인 거라고 생각하세요. 여러 개의 집들이 붙어 있는 연립 맨션처럼 말입니다.

수학에서는 앞의 것을 모르면 뒤의 것을 이해하기란 정말 힘듭니다. 그래서 연립일차방정식에 대해 개략적으로 설명하고 연립이차방정식을 설명할게요.

연립일차방정식

미지수가 2개보통 x, y인 연립일차방정식x와 y로 2가지 원소를 가진 방정식을 이원 일차연립방정식이라고 부릅니다. 이원은 돈 2원이 아니라 x, y 2가지 원소를 말합니다. 원은 문자의 종류이고 차는 곱해진 개수를 말합니다의 풀이에는 가감법과 대입법을 사용합니다.

가감법이란 더하거나 빼서 문자 하나를 없앤 후 남은 문자를 구하는 방법입니다. 오래도록 인기를 끈 방법이랍니다.

대입법은 문자 하나를 꿀꺽 삼켜서 나머지 문자를 찾아내는, 먹기를 좋아하는 사람들이 많이 쓰는 방법입니다.

가감법

식을 더하거나 빼서 x와 y를 찾아내는 방법

대입법

한 식을 한 문자로 정리한 후 다른 식에 대입하여 x와 y를 찾아내는 방법

연립방정식의 해$_{x, y의 값}$와 직선의 방정식과의 관계를 살펴보면 두 직선$_{연립}$의 방정식 $ax+by+c=0(a \neq 0)$, $a'x+b'y+c' =0(a' \neq 0)$에서 근의 개수에 따라 다음의 조건이 성립하게 됩니다.

・해가 1개인 경우

두 직선이 한 점에서 만나게 됩니다. 조건식은 $\dfrac{a}{a'} \neq \dfrac{b}{b'}$ 입니

다. 풀지도 않고, x와 y는 손끝 하나 대지도 않고, 앞의 수, 즉 계수만 가지고 두 직선이 만나는지 알아냅니다. 풀지도 않고 단지 몇 개의 문자만으로 찾아내는 것은 관심만 가진다면 추리소설만큼 재미있습니다. 수학에 눈을 뜨려면 하나하나를 새롭게 바라보세요. 놀라운 일이 생길 겁니다.

• 해가 없는 경우

어려운 표현으로는 '불능'이라고 합니다. 로봇이 적의 광선을 맞아 움직일 수 없는 경우에 우리는 동작 불능이란 말을 합니다. 불능인 경우는 두 직선이 만나지 않습니다. 두 직선이 평행을 이루게 되지요. 조건식은 $\dfrac{a}{a'} = \dfrac{b}{b'} \neq \dfrac{c}{c'}$ 입니다. 이런 모양으로 정리되면 불능입니다.

• 해가 무수히 많은 경우

두 직선이 일치하는 경우입니다. 점들이 모여 선을 이루니까 두 직선이 일치하면 무수히 많은 점들이 생기겠지요. 조건식은 $\dfrac{a}{a'} = \dfrac{b}{b'} = \dfrac{c}{c'}$ 입니다. 작대기 같은 선이 2개 붙으면 수학에서는 이렇게 나타낸답니다.

다음으로는 미지수가 3개인 연립일차방정식3원 연립일차방정식의 풀이입니다.

미지수가 3개인 연립일차방정식에서 미지수 1개를 소거합니다. 소거는 없앤다는 말입니다. 그럼 미지수가 2개인 연립일차방정식이 됩니다. 그다음 암살자를 보내어 또 미지수 1개를 없앱니다. 그럼 미지수가 1개인 일차방정식이 생깁니다.

그럼 이항이라는 방법으로 미지수 하나를 구해 냅니다. 살아남은 미지수를 이용하여 죽은 나머지 미지수를 반대로 역연산하여 구해 냅니다.

결국 누군가의 희생이 모두 살게 한다는 뜻이 담겨 있네요.

자, 이제 드디어 우리가 본격적으로 배워야 하는 연립이차방정식의 풀이입니다. 너무 긴장하지 말고 다음 시간에 본격적으로 들어갑시다.

선생님, 미지수가 3개인 연립일차방정식은 어떻게 풀어야 하죠?

미지수가 3개라면 미지수 1개를 빨리 없애야겠죠.

그러면 미지수가 2개인 연립일차방정식이 됩니다.

그다음 미지수를 또 하나 없앱니다. 그럼 미지수가 1개인 일차방정식이 생깁니다.

그리고 이항을 해서 미지수 하나를 구합니다.

선생님, 아까 없애 버린 미지수들은요?

살아남은 미지수를 이용해서 죽었던 미지수를 역연산하여 구해 내면 되지요.

두 직선연립의 방정식

$ax + by + c = 0 (a \neq 0)$, $a'x + b'y + c' = 0 (a' \neq 0)$에서 근의 개

수에 따라 다음의 조건이 성립하게 됩니다.

- 두 직선이 한 점에서 만나는 경우 : $\dfrac{a}{a'} \neq \dfrac{b}{b'}$

- 두 직선이 평행인 경우 : $\dfrac{a}{a'} = \dfrac{b}{b'} \neq \dfrac{c}{c'}$

- 두 직선이 일치하는 경우 : $\dfrac{a}{a'} = \dfrac{b}{b'} = \dfrac{c}{c'}$

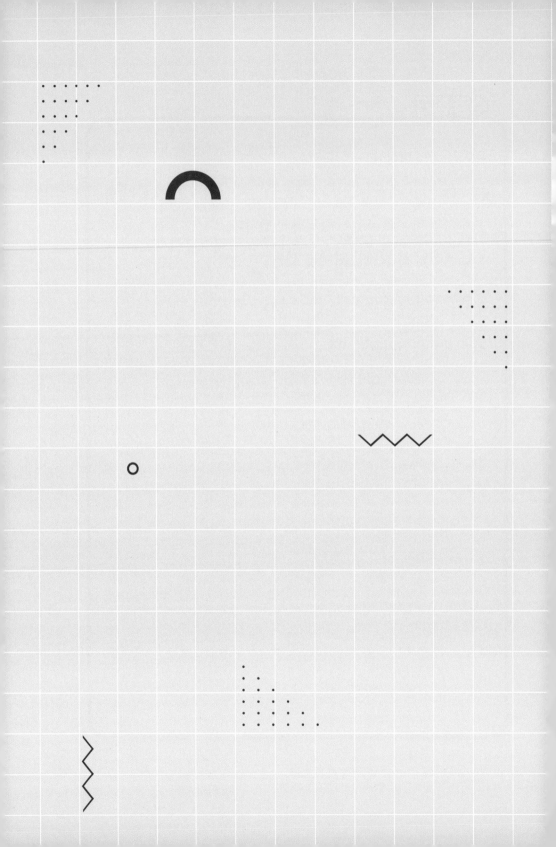

연립이차방정식 ②

연립이차방정식에 대해
본격적으로 공부합니다.

1. 일차식과 이차식으로 된 연립방정식을 배워 봅니다.
2. 이차식과 이차식으로 된 연립방정식을 배워 봅니다.

미리 알면 좋아요

1. **일차식** 미지수의 차수가 1인 식

   이차식 미지수의 차수가 2인 식

2. **복부호 동순** 겹쳐지는 같은 부호는 같은 순서로 둔다는 것을 뜻합니다.

3. **소거** 문자나 수를 없애는 것을 소거라고 합니다.

알콰리즈미의
열두 번째 수업

이제 본격적으로 연립이차방정식에 대해서 알아봅시다.

일차식 x 과 이차식 x^2 으로 된 연립방정식

(일차식) $=0$, (이차식) $=0$ 인 경우에 일차식을 한 문자에 대

하여 정리한 후, 이차식에 대입합니다. 분명히 말하지만 일차식을 정리해야 합니다.

문제를 통해서 알아봅시다. 다음 연립방정식을 풀어 보세요.

$$\begin{cases} x-y=1 \cdots\cdots\cdots\cdots\cdots\cdots ① \\ x^2+y^2=13 \cdots\cdots\cdots\cdots\cdots ② \end{cases}$$

①을 x에 대하여 정리합니다. x만 좌변에 있는 상태로 만들라는 것입니다.

$$x=y+1 \cdots\cdots\cdots\cdots\cdots\cdots ③$$

③을 ②에 대입하세요.

$$(y+1)^2+y^2=13$$
$$y^2+y-6=0$$
$$(y-2)(y+3)=0$$
$$y=2 \text{ 또는 } y=-3$$

정말 어렵지요. 이 부분을 자세히 보면 수학자들의 숨소리를 느낄 수 있습니다.

③식에 $y = 2$ 또는 $y = -3$을 넣어서 구합니다. 그럼 $x = 3$ 또는 $x = -2$가 나와요. 신기하지요.

따라서 연립방정식의 해는 $x = 3$, $y = 2$ 또는 $x = -2$, $y = -3$입니다.

이 풀이를 한 편의 드라마라고 생각하고 차근차근 그 과정을 엮어 나가도록 합시다.

이차식과 이차식으로 된 연립방정식

• 이차식 하나가 인수분해가 되는 경우

인수분해되는 쪽을 인수분해하여 이차식을 일차식의 곱으로 만든 후 인수분해가 안 되는 이차식에 대입하여 풀어 냅니다. 말보다는 문제 하나 푸는 게 이해하는 데 더 도움이 되겠지요.

다음의 연립방정식을 풀어 보세요.

$$\begin{cases} x^2 - 4xy + 3y^2 = 0 & \text{⋯⋯⋯⋯⋯⋯ ①} \\ x^2 - 3xy + 4y^2 = 8 & \text{⋯⋯⋯⋯⋯⋯ ②} \end{cases}$$

①의 우변이 0이고, 좌변이 인수분해가 되므로 일차식의 곱
으로 만들어 봅시다.

$$x^2 - 4xy + 3y^2 = 0$$

$$x \qquad -y$$

$$x \qquad -3y$$

$$\quad -4xy$$

$(x-y)(x-3y) = 0$으로 인수분해됩니다.

∴ $x = y$ 또는 $x = 3y$

$x = y$를 ②식에 대입합니다.

$$2y^2 = 8$$

$$y^2 = 4$$

$y = \pm 2$ ← $x = y$식에 다시 대입하세요.

∴ $x = \pm 2$ ← 같은 부호는 같게 정리하세요.

$x = 3y$를 ②식에 대입합니다. 한 번 더 계산해야겠지요.

$$4y^2 = 8$$

$$y^2 = 2$$

$$y = \pm\sqrt{2} \qquad \leftarrow x = 3y \text{ 식에 한 번 더 대입하세요.}$$

$$\therefore x = \pm 3\sqrt{2} \quad \leftarrow \text{같은 부호는 같은 순서로 쓰세요.}$$

복부호 동순이라는 말은 같은 부호, 같은 순서란 뜻입니다. 고등학생이 되면 이 말을 접하게 돼요. 그때 당황하지 말고 미리 준비하세요.

계산보다 용어가 더 어려워요.

에구.

무슨 용어 때문에 그러나요?

복부호 동순…요?

한자어라 생소할 텐데 같은 부호, 같은 순서란 뜻입니다.

따라서 연립방정식의 해는 $x = \pm 2, y = \pm 2$ 또는 $x = \pm 3\sqrt{2}$, $y = \pm\sqrt{2}$가 됩니다.

• 이차식이 인수분해가 안 되는 경우

이차항을 소거한 후계수를 맞추어 없애는 것이 소거입니다 일차식을 만들어 대입하여 푸는 경우가 있고, 상수항을 소거한 후 인수분해해서 일차식을 만들어 대입하는 방법이 있습니다. 좀 많이 복잡하지요.

자, 다시 정리해 봅시다. 이차식이 인수분해가 안 되는 경우를 도식화시켜 보겠습니다.

인수분해가 불가능 → 이차항 소거 → 일차식 생성 → 대입
　　　　　└→ 상수항 소거 → 인수분해 → 일차식 생성 → 대입

위 도식을 확실히 기억해 둡시다.

소거는 없애 버린다는 한자어입니다. 없애는 것은 하나만 남긴다는 의미도 있지요. 즉 소거는 하나만 남기고 없애기입니다.

연립이차방정식은 우리가 이제까지 공부한 것 중 가장 힘들지요. 다시 차근히 정리해 보겠습니다.

❶ 일차방정식과 이차방정식의 연립

일차방정식을 x 또는 y에 관해 풀어 이차식에 대입, 그런 다음 대입한 이차방정식을 인수분해나 근의 공식을 이용하여 해결합니다. 일차식으로 시작하고 이차식으로 끝내는 방식이지요. 시작은 일차식부터입니다.

연립방정식에서 차수가 가장 높은 방정식이 이차방정식인 것을 연립이차방정식이라고 합니다. 즉 가장 높은 차수를 따라 이름을 붙인다는 이야기입니다. 다시 이야기하지만 차수는 문자를 밑으로 두고 위에 조그맣게 쓴 것을 말합니다. 예를 들어,

x^2에서 조그마한 2가 바로 차수를 나타냅니다.

일차방정식과 이차방정식의 연립방정식에서 해는 각각의 방정식을 만족하는 해의 교집합, 즉 공통근을 의미합니다. 식에서는 x, y값을 말합니다.

$$\left.\begin{matrix} \text{일차방정식} \\ \text{이차방정식} \end{matrix}\right\} \text{해의 교집합, 교점} \rightarrow \text{연립방정식의 해}$$

일차식과 이차식을 연립하는 경우에는 일반적으로 2쌍의 해가 있으므로 2쌍 모두를 빠짐없이 찾아 주어야 합니다.

❷ 이차방정식과 이차방정식의 연립

일반적으로 두 식 중 한 식을 인수분해 하여 대입법으로 풀이합니다. 하지만 두 식 모두 인수분해가 되지 않으면 상수항을 소거(없애기)하거나 이차항을 소거하여 풀어냅니다.

(1) 두 방정식 중 어느 하나가 인수분해가 되는 경우

먼저 인수분해하고 그 결과에 의해 얻어진 두 일차식을 나머

지 이차방정식과 각각 연립하여 풀어냅니다.

답이 4쌍이 생길 수도 있으니까 각별히 주의해야 합니다.

(2) 인수분해가 되지 않는 경우

ⓐ 상수항 소거에 의한 풀이

두 이차방정식이 인수분해 되지 않고, 두 이차식에 x, y항이 있을 때는 두 이차방정식에 적절한 값을 곱하고 더하거나 빼서 상수항을 소거시키면 됩니다. 상수항을 소거하면 인수분해가 될 것입니다.

문제를 하나 손대 볼까요. 다음 연립방정식을 풀어 봅시다.

$$\begin{cases} x^2 + xy - 2y^2 = 2 \cdots\cdots\cdots\cdots ① \\ 2x^2 - xy - y^2 = 3 \cdots\cdots\cdots\cdots ② \end{cases}$$

연립방정식의 해를 구한다는 것은 x와 y를 구하는 것입니다. x^2이라고 해서 어렵게 생각하지 말고 x가 두 번 곱해져 있는 상태라고 분석하는 연습을 해야 합니다. 그렇다면 y^2은 어떨까요? 그렇습니다. y가 두 번 곱해져 있는 상태입니다. xy는

x와 y가 곱해져 있는 것입니다.

이제 좀 어렵게 생각해 봅시다. 위의 두 식은 인수분해가 되지 않습니다. 그래서 괜히 인수분해 한다고 힘을 빼지 말고 두 식을 적당히 달래서 더하거나 빼면 인수분해가 될 것입니다.

두 식에 xy항이 있죠? 이럴 땐 아무 힘도 없는 상수항을 없애는 방향으로 생각을 모읍시다. 'xy항이 있을 때는 상수항을 없앤다.'는 사실을 기억하세요. 상수항이란 숫자와 부호만 있는 항입니다. 문자가 없는 항을 상수항이라고 부릅니다.

다시 돌아가서 ①×3, ②×2 하여 상수항을 없앱시다. 소거!

$$3x^2 + 3xy - 6y^2 = 6$$
$$- \big)\, 4x^2 - 2xy - 2y^2 = 6$$
$$-x^2 + 5xy - 4y^2 = 0 \quad \leftarrow \text{앞에 } - \text{를 없애기 위해서}$$
$$\qquad\qquad\qquad\qquad \text{모든 항에 } - \text{를 곱합니다.}$$
$$x^2 - 5xy + 4y^2 = 0$$
$$x^2 - 5xy + 4y^2 = (x-y)(x-4y) = 0$$
$$\therefore\ x - y = 0 \ \text{또는}\ x - 4y = 0$$

위의 두 일차방정식과 ① 또는 ②를 연립하면 일차식과 이차식으로 된 연립방정식이 됩니다.

이때 ①과 연립하든지 ②와 연립하든지 결과는 같습니다.

①과 연립방정식을 세워 봅시다.

$$\begin{cases} x - y = 0 \\ x^2 + xy - 2y^2 = 2 \end{cases} \quad \text{또는} \quad \begin{cases} x - 4y = 0 \\ x^2 + xy - 2y^2 = 2 \end{cases}$$

위의 연립방정식을 풀어 봅시다.

$x = y$를 대입시키면,

$y^2 + y^2 - 2y^2 = 2$

$0 \neq 2$

좌변의 결과와 우변의 결과가 다릅니다. 이때 수학은 다음과 같이 외칩니다. '해가 없다'라고 말입니다.

$x = 4y$를 대입시키면,

$$16y^2 + 4y^2 - 2y^2 = 2$$

$$18y^2 = 2$$

$$y^2 = \frac{1}{9}$$

$$y = \pm\frac{1}{3}$$

$$x = \frac{4}{3},\ y = \frac{1}{3} \text{ 또는 } x = -\frac{4}{3},\ y = -\frac{1}{3}$$

참고로 해가 없는 경우는 답을 안 쓰면 됩니다.

ⓑ 이차항 소거에 의한 풀이

두 이차방정식이 인수분해되지 않고, 두 이차식에 xy항이 없을 때는 두 이차방정식의 이차항을 소거하여 풀면 됩니다.

말은 쉽지요. 이차항은 x^2인 항을 말합니다.

이차항을 소거하는 문제, 다음 연립방정식을 풀어 보세요.

$$\begin{cases} 3y^2 + 2x - 5y = 4 & \text{·······················} ① \\ 2y^2 - 5x + 3y = 9 & \text{·······················} ② \end{cases}$$

$$① \times 2 \rightarrow 6y^2 + 4x - 10y = 8 \quad \text{·················} \quad ③$$

$$② \times 3 \rightarrow 6y^2 - 15x + 9y = 27 \quad \text{·················} \quad ④$$

$$③ - ④ \rightarrow 19x - 19y = -19$$

$$x - y = -1$$

$x = y - 1 \quad \leftarrow$ 이것을 ①에 대입시킵니다.

① 많이 기다렸지요.

$$3y^2 + 2(y-1) - 5y = 4$$

$$y^2 - y - 2 = 0$$

$(y-2)(y+1) = 0 \leftarrow$ 인수분해한 결과입니다. x만 인수분

해하는 것이 아닙니다. y도 인수분해

할 수 있어요.

$y = 2, -1 \quad \leftarrow$ 아직 계산 끝난 게 아니거든요.

$y = 2$일 때 $x = 2 - 1 = 1$

$y = -1$일 때 $x = -1 - 1 = -2 \leftarrow$ 이제 끝났습니다.

$x = 1, y = 2$ 또는 $x = -2, y = -1$

지금까지 정말 수고했습니다. 나도 여러분들을 가르치면서 많은 보람을 느꼈습니다. 해순 양, 하고 싶은 말 있으면 해도 좋아요.

"선생님과 공부하면서 이차방정식과 그 근을 이해했고, 이차방정식의 여러 가지 풀이를 알게 되었어요. 인수분해에 의한 풀이, 제곱근에 의한 풀이, 완전제곱식에 의한 풀이, 선생님이 만드신 근의 공식에 의한 풀이 등. 그리고 완전제곱식과 근의 공식으로 방정식을 유도하는 과정과 이차방정식 응용문제에 대해서도 많이 배웠어요."

많이 배웠다니 나도 기분이 좋습니다. 오늘 배운 것을 응용해서 모두들 즐겁게 수학 공부를 해 보세요. 모르는 것이 있으면 언제든 다시 찾아와도 좋습니다.

❶ **일차식 x과 이차식 x^2으로 된 연립방정식**

(일차식) $= 0$, (이차식) $= 0$인 경우에 일차식을 한 문자에 대하여 정리한 후, 이차식에 대입합니다.

❷ **이차식과 이차식으로 된 연립방정식**

① 이차식 하나가 인수분해가 되는 경우

　인수분해 되는 쪽을 인수분해 하여 이차식을 일차식으로 만들어 인수분해 안 되는 이차식에 대입하여 풀어냅니다.

② 이차식이 인수분해가 되지 않는 경우

　이차항을 소거하여_{계수를 맞추어 없애는 것이 소거입니다} 일차식을 만들어 대입하여 푸는 경우가 있고, 상수항을 소거하여 인수분해 한 후 일차식을 만들어 대입하는 방법이 있습니다.

알콰리즈미가 들려주는 이차방정식 이야기

이차방정식의 꽃 판별식

ⓒ 김승태, 2008

2판 1쇄 인쇄일 | 2024년 3월 22일
2판 1쇄 발행일 | 2024년 3월 29일

지은이 | 김승태
펴낸이 | 정은영
펴낸곳 | (주)자음과모음

출판등록 | 2001년 11월 28일 제2001-000259호
주소 | 10881 경기도 파주시 회동길 325-20
전화 | 편집부 (02)324-2347, 경영지원부 (02)325-6047
팩스 | 편집부 (02)324-2348, 경영지원부 (02)2648-1311
e-mail | jamoteen@jamobook.com

ISBN 978-89-544-5033-1(43410)